Druckfehler-Berichtigung.

Auf Seite 37 in Tabelle 10 muß es in der fünften Spalte heißen:
l = 200 mm (statt l = 20 mm).

Mittheilungen
aus den
Königlichen technischen Versuchsanstalten
zu Berlin.
Herausgegeben im Auftrage der Königlichen Aufsichts-Kommission.

Redacteur: Geheimer Bergrath Dr. **Wedding**,
Mitglied der Königl. Aufsichts-Kommission.

Ergänzungsheft I. 1887.

Die

Festigkeitseigenschaften des Magnesiums

von

A. Martens,
Vorsteher der mechanisch-technischen Versuchsanstalt.

Springer-Verlag Berlin Heidelberg GmbH
1887

Additional material to this book can be downloaded from http://extras.springer.com

ISBN 978-3-662-40807-0   ISBN 978-3-662-41291-6 (eBook)
DOI 10.1007/978-3-662-41291-6

Die Festigkeitseigenschaften des Magnesiums.

Vom Vorsteher der Kgl. mechanisch-technischen Versuchsanstalt A. Martens.

(Hierzu Tafel I. bis III.)

Durch die Aluminium- und Magnesium-Fabrik in Bremen wurde der Versuchs-Anstalt der Auftrag ertheilt, das von ihr nach dem Grätzel'schen Verfahren erzeugte Magnesium in Bezug auf seine Festigkeitseigenschaften zu prüfen. Zu diesem Zwecke wurden

1) fünf Blöcke Magnesium von 60 × 60 mm Querschnitt und 1300 mm Länge, sowie
2) fünf Rundstäbe von 30 mm Durchmesser und 500 mm Länge

zur Verfügung gestellt, welche von dem Hörder Bergwerks- und Hütten-Verein zu Hörde ausgewalzt worden waren. Mit diesen Stücken sind die nachfolgenden Versuche ausgeführt worden:

a) fünf Biegeversuche bei 1 m Stützweite und in der Mitte angreifender Kraft, an den unter 1 aufgeführten Blöcken;
b) acht Druckversuche mit Würfeln von etwa 60 mm Seitenlänge, welche aus den Bruchenden der unter a geprüften Stäbe entnommen wurden;
c) fünf Zerreißversuche mit Rundstäben von der Normalform der Versuchs-Anstalt, welche aus den unter 2 aufgeführten Stäben entnommen wurden.

Wegen des großen Interesses, welches die mit dem immerhin neuen und eigenartigen Constructionsmaterial gewonnenen Festigkeitsergebnisse an sich gewähren und mehr noch, weil diese Ergebnisse dazu beitragen dürften, die Kenntniß der Festigkeitseigenschaften der Materialien überhaupt nach verschiedenen Richtungen hin zu erweitern, sollen die Versuche im Nachstehenden ausführlich besprochen werden.

A. Biegungsversuche.

Die Biegungsversuche sind an den roh gewalzten unbearbeiteten Stücken von 60 × 60 mm Querschnitt mit der Werder-Maschine bei 1 m Stützweite, unter Anwendung der Bauschinger'schen Rollenfühlhebel in der bekannten Anordnung*) ausgeführt worden.

Die Versuchsstücke zeigten vielfach sehr starke aufgewalzte Schiefer und waren auch zumeist windschief, so daß an den Berührungsstellen der Blöcke mit den Auflagerollen Stahlkeile untergelegt werden mußten, bis die Flächen bei der Anfangsbelastung, sowohl auf den beiden Rollen, als auch an der Schneide des Druckwagens zur vollen Unterstützung kamen. Die Kraftäußerung der Maschine wurde auf den Probebalken unter Benutzung des breiten Einsatzes für den Druckwagen übertragen, so daß für die Versuchsausführung die in der nebenstehenden Fig. 1 gegebenen Abmessungen maßgebend sind. Bei den Versuchen ist mit Belastungsstufen von 0,1 t vorangegangen. Bei Stab Nr. 1 wurde bis zum Eintritt des „Fließens"

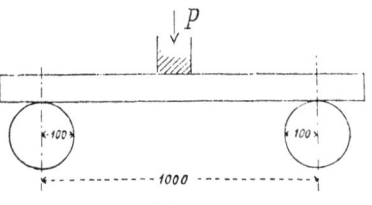

Fig. 1.

mit derjenigen Geschwindigkeit gearbeitet, welche sich durch die unmittelbare Aufeinanderfolge der Handhabung der Maschine und der Ablesungen an den Apparaten von selbst er-

---

*) Diese Einrichtungen sind ausführlich beschrieben in: „Mittheilungen aus dem mechanisch-technischen Laboratorium der Königlichen technischen Hochschule in München." Heft 1. 1873.

giebt. Bei den Versuchen mit den Stäben Nr. 2 bis 5 hingegen wurde nach der Uhr gearbeitet und die Belastung in der Regel alle 2 Minuten gewechselt.

Bei den Versuchen in der Versuchsanstalt wird der Regel nach folgender Gang innegehalten.

Nach dem Eintritt des Fließens bleibt sowohl bei den Biegungs-, als auch bei den Zerreißversuchen das Zuflußventil zur Maschine geöffnet. Es wird so gehandhabt, daß der durch einen selbstthätigen, von der städtischen Wasserleitung getriebenen Druckerzeuger gelieferte Wasserdruck den Kolben der Maschine mit einer stetigen, jedesmal ermittelten, beziehentlich vorgeschriebenen Geschwindigkeit bewegt wird. Bei diesem Vorgehen wird dann das Belastungsgewicht auf der Waage nach bestimmten vorgeschriebenen Stufen jedesmal vermehrt, sobald der Waagehebel zum Einspielen kommt, was sowohl an der Blase der auf dem Waagebalken befindlichen Wasserwaage, als auch an einem elektrischen Glockensignal scharf erkannt wird. Letzteres wird durch eine Doppelglocke gegeben, deren eine Glocke ertönt, wenn der durch die Waage beherrschte Contact geöffnet ist, während die andere beim Contactschluß erschallt; hierdurch ist dem Beobachter von jedem Platz aus ein recht scharfes Erkennen des Einspielens des Waagehebels ermöglicht. Die zur Anwendung gebrachten Geschwindigkeiten sind in den Protokollen verzeichnet.

In Tabelle 1 (S. 3) ist das vollständige Versuchsprotokoll für den Stab Nr. 4 zum Abdruck gebracht, um an demselben die Art der Versuchsausführung und der Aufzeichnung bekannt zu geben, wie sie in der Versuchs-Anstalt bei Biegungsversuchen in der Regel statthat. In Tabelle 2 (S. 4—7) sind dann in abgekürzter Form die Versuchsendergebnisse für alle fünf Stäbe mit den während der Versuche vom Beobachter niedergeschriebenen Bemerkungen enthalten. Die Biegungsversuche sind vom Assistenten, Ingenieur Kirsch, ausgeführt worden.

Die Zahlenwerthe der Tabelle 2 sind auf Tafel I in Fig. 1 bis 3 als Schaulinien wiedergegeben.

In Fig. 1 stellt die mit A bezeichnete Linien-Gruppe die für verschiedene Belastungen mit den Stäben 1 bis 5 erzielten Durchbiegungen, gemessen in der Balkenmitte, dar. Man erkennt aus derselben zunächst, daß die Versuchsergebnisse der 5 Versuche befriedigende Uebereinstimmung zeigen. Verfolgt man den allgemeinen Verlauf der Linien, so ergiebt sich, wie ja auch aus Tabelle 2 ohne Weiteres zu erkennen ist, daß von einer proportionalen Biegung, also auch von einer „Proportionalitätsgrenze" beim Magnesium keine Rede sein kann. Die Linienzüge zeigen von vornherein eine auch in dem kleinen Maßstab von Fig. 1 deutlich bemerkbare Krümmung, die bei der im 10 fachen Maßstabe gezeichneten Fig. 2 ganz deutlich hervortritt. Das Magnesium verhält sich also in dieser Beziehung ganz ähnlich wie Gußeisen. Ebenso wie dieses, zeigt es schon von der ersten Inanspruchnahme an mit den Feinmeßapparaten deutlich bemerkbare, bleibende Durchbiegungen, wie aus den beiden stark ausgezogenen Schaulinien C und D, Fig. 2, zu erkennen ist, bei welchen die Entlastungen durch die nach den Punkten e_{200}, e_{400}, e_{600} u. s. w. gezogenen, feinpunktirten Linien angedeutet sind. Das Maß der Entfernung der Punkte e_x von der Nullinie giebt die unter den durch den Index angegebenen Belastungen erzielten bleibenden Durchbiegungen an. (Bemerkt sei hierzu, daß die Nullinien für die Liniengruppen A und B, Fig. 1, sowie C und D, Fig. 2, gegeneinander verschoben sind, um die Klarheit der Zeichnung zu wahren. Der gleiche Kunstgriff ist auch in mehreren der anderen Figuren gebraucht, wie man ohne Weiteres erkennen wird.) Um dem Leser zugleich ein Bild über die Abhängigkeit der Größe der bleibenden, sowie der elastischen Durchbiegung von der vorauf gegangenen Belastung zu geben, sind in Fig. 2 in den Liniengruppen C und D die mit den Stäben 1 und 2 gewonnenen Versuchsergebnisse vollständig zur Anschauung gebracht, und zwar ergeben die an den Enden mit c und d bezeichneten Linien die soeben

(Fortsetzung auf S. 8.)

Tabelle 1.
Prüfung eines Balkens auf Biegungsfestigkeit.
Länge: 1300 mm. — Gewicht: 8,23 kg. — Stützweite: 1000 mm. — h = 60; 60; 60 mm. — b = 60; 60; 60 mm.

Belastung		Ablesungen an den Zeigern			Ablesungen der Zeiger		Durchbiegung		Bemerkungen
Gesammt-Ablesung am Apparat	kg pro qmm	II*) in der Mitte 1/5 mm	I*) rechts 1/5 mm	III*) links 1/5 mm	Summe a+b	halbe Summe (a+b)/2	gesammt 1/5 mm	Differenz 1/5 mm	*) App. I, II, III: 1:50.
h. m.	kg								**Lage und Beschaffenheit.**
12. 52	100	0,28	15,23	14,73					Die Bezeichnung A 805.4 liegt in der oberen, wagerechten Ebene, vom Kolben der Maschine aus aufrecht gelesen. Der Balken ist windschief; er ist deswegen an der gefährlichen Stelle (unter der Mittelschneide) zum völligen Anliegen gebracht. An den Auflagern wurden Stahlbleche unterfüttert, so daß bei der Anfangslast alle drei Punkte zum völligen Aufliegen kamen. Der Stab zeigt wenig Walzschiefer. Knistern von Anfang an.
		3,00	0,16	0,16					
54	**200**	3,28	15,07	14,89	0,32	0,16	2,84		
		1,64	0,14	0,12					
56	100	1,92	15,09	14,85	0,26	0,13	1,51		
		3,00	0,17	0,18					
58	200	3,28	15,06	14,91	0,35	0,18	2,82	1,31	
		6,15	0,30	0,36					
1. 0	300	6,43	14,93	15,09	0,66	0,33	5,82	3,00	
		9,55	0,20	0,54					
1. 2	**400**	9,83	15,03	15,27	0,74	0,37	9,18	3,36	
		2,85	0,21	0,21					
4	100	3,13	15,02	14,94	0,42	0,21	2,64		
		10,16	0,30	0,54					
6	400	10,44	14,93	15,27	0,84	0,42	9,74	7,10	
		13,56	0,31	0,65					
8	500	13,84	14,92	15,38	0,96	0,48	13,08	3,34	
		17,97	0,33	0,79					
10	**600**	18,25	14,90	15,52	1,12	0,56	17,41	4,33	
		4,72	0,29	0,32					
12	100	5,00	14,94	15,05	0,61	0,30	4,42		
		18,30	0,17	1,00					
14	600	18,59	15,06	15,73	1,17	0,59	17,72	13,30	
		23,25	0,18	1,09					
16	700	23,53	15,05	15,82	1,27	0,64	22,61	4,89	
		30,42	0,16	1,19					
18	**800**	30,70	15,07	15,92	1,35	0,68	29,74	7,13	
		8,02	0,18	0,59					
20	100	8,30	15,05	15,32	0,77	0,39	7,63		
		30,09	0,16	1,20					
22	800	30,37	15,07	15,93	1,36	0,68	29,41	21,78	
		39,64	0,10	1,27					
24	900	39,92	15,13	16,00	1,37	0,69	38,95	9,54	
		59,57	−0,07	1,36					
26	**1000**	59,85	15,30	16,09	1,43	0,72	58,85	19,90	**Fließen.**
		24,54	0,04	0,78					
28	100	4,82	15,19	15,40	0,74	0,37	24,17		Apparate abgenommen.
		V**) 1/1 mm	Differenzen 1/1 mm				1/1 mm	1/1 mm	Apparat V wird eingestellt. **) App. V: 1:10.
	100	0,12			Bleibend		4,83		(= 1/5 · 24,17)
	1000	7,30	7,18				12,01	(7,18)	Von hier ab mit 3,0 mm/min durchgebogen.
	1100	12,40	5,10				17,11	5,10	
	1200	20,00	7,60				24,71	7,60	Während des Fließens deutlicher Knoblauchgeruch.
	1300	28,00	8,00				32,71	8,00	
	1400	36,50	8,50				41,21	8,50	
	1500	45,00	8,50				49,71	8,50	
	1600	54,40	9,40				59,11	9,40	Bruchquerschnitt 63 / 60,5 — 60,5 / 59
	1700	64,50	10,10				69,21	10,1	
	1800	74,00	9,50				78,71	9,5	
	1900	84,00	10,00				88,71	10,0	
	2000	94,30	10,30				99,01	10,3	
	2100	105,50	11,20				110,21	11,2	
	2200	116,50	11,00				121,21	11,0	
	2300	131,50	15,00				136,21	15,0	
	2300	16,0 Bruchlast			Nach Bruch		138,00	bleibd.	Bruchstelle c. 4 cm aus der Mitte. Maschine: A. Beobachter: gez. Kirsch.

Tabelle 2.
Zusammenstellung der Ergebnisse von Biegeversuchen mit Magnesium.

Den Versuchen haben Stäbe vom Querschnitte 60 . 60 mm bei 1 m Freilage zu Grunde gelegen.

Belastung in der Stabmitte kg	Gesammt-Biegung mm	Unterschiede für je 100 kg Zuwachs mm	Bleibende Biegung bei Entlastung mm	Elastische Biegung mm	Bemerkungen zu der Versuchs-Ausführung		
Stab Nr. 1. Gewicht 8,26 kg. Körperinhalt 0,6 . 0,6 . 13 = 4,68 cbdm; specifisches Gewicht = 1,76.							

Belastung kg	Gesammt-Biegung mm	Unterschiede je 100 kg mm	Bleibende Biegung mm	Elastische Biegung mm	Biegung nach 1 Minute Ge-sammt-Biegung mm	Unter-schied mm/min	Bemerkungen
100	0,00						Die Bezeichnung A. 805.1 liegt in der oberen wagerechten Ebene, vom Kolben der Maschine aus aufrecht gelesen. Der Balken ist windschief; er ist deswegen an der gefährlichen Stelle (unter der Mittelschneide) zum völligen Anliegen gebracht. An den Auflagern werden Stahlbleche unterfüttert, so daß bei der Anfangslast alle drei Punkte zum völligen Aufliegen kamen. Der Stab zeigt zahlreiche Walzschiefer, unganze und abgesplitterte Stellen. Die Apparate wurden neu eingestellt.
200	0,486	0,486					
100	0,270	—	0,270	0,216 (0,8)*)			
200	0,530	0,260					
100	0,284	—	0,284	0,246 (0,87)			
200	0,502	0,218					
100	0,270	—	0,270	0,232 (0,86)			
200	0,518	0,248					
300	1,050	0,532			1,042	−0,008	
100	0,404	—	0,404	0,646 (1,60)			
300	1,054	—			1,058	+ 4	
100	0,410		0,410	0,644 (1,57)			
300	1,072	—					
400	1,712	0,640					
100	0,516		0,516	1,196 (2,32)			
400	1,724	—			1,722	− 2	Knistern.
500	2,400	0,676			2,408	+ 8	
100	0,654		0,654	1,746 (2,67)			
500	2,490	—					
600	3,244	0,754			3,248	+ 4	Knistern.
700	4,192	0,948			4,216	+ 24	
800	5,496	1,304			5,530	+ 34	
900	7,352	1,856			7,416	+ 64	Apparate neu eingestellt.
1000	10,826	3,474			10,988	+ 162	
100	4,492		4,492	6,334 (1,41)			Bei der Messung mußte ein Zirkel zu Hülfe genommen werden, weil der Zeiger über die Scala hinaus gegangen war.
1000	10,992	—			11,018	+ 0,26	
	15,912	4,920			16,244	+ 332	Beim Vorgehen auf 1100 reichte die Scala nicht aus; deswegen wurde das Ventil zeitweise geschlossen und der Zeiger auf den Scalen-Anfang zurückgestellt.
1100*)	16,24						*) Apparate I—III werden durch Apparat V (1 : 10) ersetzt.
1200	22,79	6,55					Von 1100 kg ab bleibt das Ventil geöffnet; es wird mit etwa 3 $\frac{mm}{min}$ Kolbenweg gleichmäßig durchgebogen. Belastungsstufen 50 kg; bei je 100 kg abgelesen.
1300	30,09	7,30					
1400	38,15	8,06					
100	26,51	—	26,51	11,64 (0 44)			**) Bei 1400 kg unaufhörliches Knistern.
1400**)	38,91	—					
1500	45,30	6,39					***) Bei 1600 kg reicht die Scala nicht aus; Zeiger wird, wie oben, zurückgedreht.
1600***)	54,70	9,40					
1700	64,40	9,70					

*) Die eingeklammerten Zahlen geben das Verhältniß zwischen elastischer und bleibender Durchbiegung an.

Die Festigkeitseigenschaften des Magnesiums.

Belastung in der Stabmitte kg	Gesammt-Biegung mm	Unter-schiede für je 100 kg Zuwachs mm	Bleibende Biegung bei Entlastung mm	Elastische Biegung mm	Bemerkungen zu der Versuchsausführung
1750*)	69,40				*) Inzwischen hat sich die Stützweite infolge der Biegung des Stabes und der Rundung der Auflager um 80 mm verkleinert.
100	54,71	—	54,71	14,69	
1750	71,31	—		(0,27)	
1800	72,81	8,41			
1850**)	75,31	—			**) Nach dem Einspielen von 1850 kg muß der Zeiger abermals zurückgestellt werden.
1900	80,81	8,00			
1950	86,31	—			
2000	89,81	9,00			
2050	95,31	—			
2100***)	99,31	9,51			***) Nach Einspielen von 2100 kg muß der Zeiger zurückgestellt werden. Knistern nicht mehr so laut wie anfangs. Zeiger nochmals zurückgestellt.
2150	105,31	—			
2200	112,31	13,00			
2250	116,31	—			
2300	121,01	8,70			
2350	127,71				
2400	133,01	12,60			
2450	140,71				Von hier ab bis zum Bruch noch schneller vorgegangen, nachdem Apparat V abgenommen war.
2850	Bruchlast		190,000	—	Zerstörung durch Aufreißen an der Zugseite. Die Druckstelle unter der Mittelschneide ist unmerklich eingedrückt.

Stab Nr. 2. Gewicht 8,22 kg; Körperinhalt 0,6 . 0,6 . 12,98 = 4,67 cbdm; specifisches Gewicht = 1,76.

100	0,000				Der Balken ist windschief, deswegen wie bei Nr. 1 gelagert. Weniger Walzschiefer. Alle 2 Min. wird die Belastung gesteigert.
200	0,522	0,522			
100	0,268	—	0,268	0,254	
200	0,526	0,258		(0,95)	
300	1,210	0,484			
400	2,124	0,914			
100	0,716	—	0,716	1,408	
400	2,078	—		(1,96)	
500	3,060	0,982			
600	4,075	1,015			
100	1,322	—	1,322	2,753	
600	4,120	—		(2,08)	
700	5,340	1,220			Knistern beginnt.
800	7,088	1,748			
100	2,554	—	2,554	4,534	
800	7,068	—		(1,77)	Nach dem Einspielen von 800 wird der Mittelzeiger zurückgestellt.
900	9,132	2,064			
1000	12,304	3,172			
100	5,614	—	5,614	6,690	Apparate abgenommen und Apparat V aufgestellt. Von hier ab bleibt das Ventil geöffnet. Vorgehen gleichmäßig 3 $\frac{mm}{min}$.
1000	12,68	—		(1,19)	
1100	16,26	3,58			
1200	20,58	4,32			
1300	26,58	6,00			
1400	33,28	6,70			Zeiger zurückgestellt.
1500	40,58	7,60			
1600	49,18	8,30			
1700	57,78	8,60			Zeiger nochmals zurückgestellt.
1800	66,48	8,70			
1900	77,68	11,20			
2000	85,48*)	—			*) Ablesungsfehler? — Zeiger nochmals zurückgestellt. Dann ohne Ablesungen bis auf **2500 kg = Maximallast** vorgegangen; bis zum Bruch fällt die Belastung auf 2400 kg. Der Bruch erfolgt durch Aufreißen auf der Zugseite plötzlich mit hellklingendem, nicht lautem Knacken.
2500					
2400	Bruchlast		122,0		

Belastung in der Stabmitte kg	Gesammt-Biegung mm	Unter-schiede für je 100 kg Zuwachs mm	Bleibende Biegung bei Entlastung mm	Elastische Biegung mm	Bemerkungen zu der Versuchsausführung
Stab Nr. 3. Gewicht 8,26 kg; Körperinhalt 0,6 . 0,6 . 13 = 4,68 cbdm; specifisches Gewicht = 1,76.					
100	0,00				
200	0,518	0,518			Lage und Beschaffenheit wie bei Stab Nr. 2.
100	0,238	—	0,238	0,280	
200	0,504	0,266		(1,15)	
300	1,152	0,648			
400	1,810	0,658			
100	0,494	—	0,494	1,316	
400	1,824	—		(2,67)	
500	2,528	0,704			
600	3,396	0,868			
100	0,902	—	0,902	2,494	
600	3,378	—		(2,77)	Beginn des Knisterns war nicht zu beobachten, da zu viel Geräusch im Raum war.
700	4,350	0,972			
800	5,676	1,326			
100	1,622	—	1,622	4,054	
800	5,722	—		(2,50)	Zeiger zurückgestellt.
900	8,356	2,634			**Fließen** beginnt. Apparat I—III abgenommen. Apparat V aufgestellt.
1000	11,962	3,606			
100	5,614	—	5,614	6,348	Von hier ab bleibt das Ventil geöffnet; es wird mit $3\frac{mm}{min}$ durchgebogen.
1000	12,13			(1,13)	
1100	16,51	4,38			
1200	22,31	5,80			Querschnitt unter der Mittelschneide nach dem Bruch.
1300	29,21	6,90			
1400	37,21	8,00			
1500	44,51	7,30			
1600	53,61	9,10			
1700	62,51	8,90			
1800	71,61	9,10			
1900	81,31	9,70			
2000	93,11	11,80			
2100	100,61	7,50			
2200	111,01	10,40			Bei einer Durchbiegung von 121,2 mm tritt der Bruch ein.
2200	Bruchlast				
Stab Nr. 4. Gewicht 8,23 kg; Körperinhalt 0,6 . 0,6 . 13 = 4,68 cbdm; specifisches Gewicht = 1,76.					
100	0,000				Lage und Beschaffenheit wie bei Stab Nr. 2. Knistern von Anfang an.
200	0,568	0,568			
100	0,302	—	0,302	0,266	
200	0,564	0,262		(0,89)	
300	1,164	0,600			
400	1,836	0,672			
100	0,528	—	0,528	1,308	
400	1,948	—		(2,49)	
500	2,616	0,668			
600	3,482	0,866			
100	0,884	—	0,884	2,598	
600	5,544	—		(2,93)	
700	4,522	0,978			
800	5,948	1,476			
100	1,526	—	1,526	4,422	
800	5,882	—		(2,89)	
900	7,790	1,908			

Die Festigkeitseigenschaften des Magnesiums.

Belastung in der Stabmitte kg	Gesammt-Biegung mm	Unterschiede für je 100 kg Zuwachs mm	Bleibende Biegung bei Entlastung mm	Elastische Biegung mm	Bemerkungen zu der Versuchsausführung
1000	11,770	3,980			**Fließen.** Apparate I—III abgenommen und Apparat V angesetzt.
100	4,834	—	4,834	6,936 (1 44)	Von hier ab bleibt das Ventil geöffnet; es wird mit $3\frac{mm}{min}$ durchgebogen. Während des Fließens deutlicher Knoblauchgeruch.
1000	12,01	—			
1100	17,11	5,10			
1200	24,71	7,00			
1300	32,71	8,00			
1400	41,21	8,50			
1500	49,71	8,50			
1600	59,11	9,40			
1700	69,21	10,10			
1800	78,71	9,50			
1900	88,71	10,00			Bruchquerschnitt.
2000	99,01	10,30			
2100	110,21	10,20			
2200	121,21	11,00			
2300	136,21	15,00			
2300	Bruchlast		138,0		Bruchstelle 4 cm aus der Mitte.

Stab Nr. 5. Gewicht 8,25 kg; Körperinhalt 0,6 . 0,6 . 13 = 4,68 cbdm; specifisches Gewicht = 1,76.

Belastung in der Stabmitte kg	Gesammt-Biegung mm	Unterschiede für je 100 kg Zuwachs mm	Bleibende Biegung bei Entlastung mm	Elastische Biegung mm	Bemerkungen zu der Versuchsausführung
100	0,000				Lage und Beschaffenheit wie bei Stab Nr. 2.
200	0,486	0,486			
100	0,276	—	0,276	0,210 (0,76)	
200	0,514	0,238			
300	1,182	0,668			
400	2,052	0,870			
100	0,718	—	0,718	1,334 (1,86)	
400	2,060	—			
500	2,928	0,868			
600	3,940	1,012			
100	1,212	—	1,212	2,728 (2,26)	
600	3,956	—			
700	5,120	1,164			
800	6,510	1,390			
100	2,136	—	2,136	4,374 (2,05)	
900	6,540	—			
000	8,040	1,500			Zeiger wurde zurückgestellt.
1800	10,296	2,256			
100	6,140	—	5,844	4,156	Apparate I—III abgenommen, Apparat V aufgestellt. Von hier ab bleibt das Ventil geöffnet; es wird mit $3\frac{mm}{min}$ durchgebogen.
1000	12,97	—			
1100	15,77	2,80			
1200	20,47	4,70			
1300	26,97	6,50			
1400	33,47	6,50			
1500	41,37	7,90			
1600	49,97	8,60			
1700	58,97	9,00			
1800	68,47	9,50			
1900	77,97	9,50			
2000	88,47	10,50			
2100	98,97	10,50			
2200	109,97	11,00			
2300	119,97	10,00			
2400	132,97	13,00			
2500	146,97	14,00			
2600	161,97	15,00			Spannweite nur noch 920mm.
2700	180,97	19,00			Bruchquerschnitt.
2800	Bruchlast		206,0		

besprochenen Biegungsschaulinien mit den Entlastungen, während die mit c_1 d_1 bezeichneten Linien die Abhängigkeit der bleibenden und die Linien c_2, d_2 diejenige der elastischen Dehnung von der Größe der voraufgehenden Belastung derselben darstellen. Auch die Linien c_1, c_2 und d_1, d_2 zeigen von Anfang an eine stetige Krümmung. Vergleicht man die beiden zusammengehörigen Linien c_1 und c_2 oder d_1 und d_2 miteinander, so wird man finden, daß die Linien c_1 und d_1 anfangs einen steileren Verlauf haben als c_2 und d_2, sowie daß sie sich bei der Belastung von etwa 1000 bis 1200 kg beide durchschneiden; in diesen Punkten sind also elastische und bleibende Formänderung gleich groß. Das Verhältniß beider ändert sich im Verlauf des Versuches nach der stark punktirten Linie c_4 und d_4, und man bemerkt (namentlich beim Vergleich von Fig. 3), wie es anfangs mit steigender Belastung wächst, bei etwa 600 bis 700 kg seinen größten Werth $\left(\dfrac{d_2}{d_1} = 2,2 \text{ bis } 3,0\right)$ erreicht, bei etwa 1100 kg $= 1$ wird und von hier aus sich der Nullinie asymptotisch nähert. In Fig. 3, Liniengruppen E, F, G, sind diese für das Material höchst charakteristischen Liniengruppen, bleibende und elastische Dehnung, sowie das Verhältniß beider für alle fünf Versuche zusammengetragen, um dem Leser ein Urtheil über die Größe der vorkommenden Abweichungen der einzelnen Versuchsreihen zu ermöglichen. Die einzelnen Linienzüge der Gruppen sind mit den Nummern des Probestabes bezeichnet, welchem sie angehören. Obwohl unzweifelhaft durch die eingezeichneten Verhältnißlinien, Gruppe G. Fig. 3, bestimmte Eigenschaften des Materials zum Ausdruck gebracht werden, soll doch davon Abstand genommen werden, hierüber Schlüsse zu ziehen, weil die bestehenden Gedanken zunächst reifen und an ähnlichen Untersuchungen mit anderen Materialien festere Gestalt gewinnen müssen.

Wurde weiter oben aus der allgemeinen Gestalt der Biegungs-Schaulinien bereits der Schluß gezogen, daß eine Proportionalitätsgrenze für Magnesium durch Biegungsversuche nicht festgestellt werden kann, so geht dies noch klarer aus der Darstellung der Biegungsunterschiede für je 100 kg Belastung hervor, wie sie in den Linien c_3, d_3 in Fig. 2 und in der Gruppe B. Fig. 1, gegeben sind. Wenn ein Material sich anfangs proportional der Belastung biegt, so müssen diese Linienzüge demgemäß parallel zur Nullinie sein, was hier nicht der Fall ist. Aus dem Verlauf der Liniengruppe B im Besonderen, sowie aus der Gestalt der Biegungsschaulinien in Gruppe A erkennt man, daß die „Fließgrenze" des Magnesiums beim Biegungsversuch ziemlich deutlich zum Ausdruck kommt; man wird sie nach Fig. 1 bei etwa 800 bis 900 kg Belastung und etwa 6 bis 8 mm Gesammtdurchbiegung festlegen können; genauer lassen sich diese Zahlen nicht geben. Es muß übrigens an dieser Stelle gegenüber dem in letzter Zeit mehrfach hervortretenden Unfug, der mit den bei Festigkeitsversuchen gefundenen Zahlen getrieben wird, darauf aufmerksam gemacht werden, daß es unmöglich ist, irgend eine der als charakteristisch geltenden Zahlenwerthe: Bruchgrenze, Bruchdehnung, Querschnittsverminderung, Streckgrenze, Streckdehnung, Proportionalitätsgrenze, Elasticitätsmodul mit großer Genauigkeit festzustellen; namentlich die Bestimmung der Proportionalitätsgrenze und Streckgrenze ist insofern sehr unzuverlässig, als sie wesentlich von der Sorgfalt der Versuchsausführung und von der Feinheit der angewendeten Meßwerkzeuge abhängt, ganz abgesehen davon, daß die Begriffe selbst nicht ganz streng feststellbar sind. Hierzu kommt noch der Umstand, daß die Schwankungen, welche die Eigenschaften des Materials an sich, schon wegen der Unvollkommenheiten der Herstellung, in einem und demselben Stück stets aufweisen, eine bestimmte Zahl für die oben genannten Eigenschaften des Materials oft bedeutungslos machen, wenn man nicht zugleich sicher ist, daß sie als Durchschnitt aus mehreren Versuchen gewonnen ist, und weiß, wie bei deren Feststellung verfahren wurde. Angesichts dieser Thatsachen muß es im Allgemeinen als thöricht erscheinen, wenn die Bruchspannungen in $\frac{kg}{qmm}$ oder die Dehnungen in Procenten u. s. w. mit mehr als einer Decimalstelle angegeben werden; diese Decimalstelle dürfte in den allermeisten Fällen sicher schon unzuverlässig sein.

Auf einen bei der Ausführung von Biegungsversuchen zu beachtenden Umstand muß hier übrigens noch aufmerksam gemacht werden, weil er auch für die Beurtheilung der hier zu besprechenden Versuchsergebnisse von Einfluß ist, das ist die Abnahme der Stützweite mit vorschreitender Durchbiegung, wie sie beispielsweise durch die Biegevorrichtung der Werder-Maschine bedingt ist, deren Widerlager durch Rollen von 200 mm Durchmesser gebildet sind. Man wird namentlich, wenn man die Bruchspannung und die Gesammtarbeitsleistung des Materials feststellen will, den störenden Einfluß der Rollen berücksichtigen, oder besser Rollen von großem Durchmesser überhaupt vermeiden müssen. Bei den vorbeschriebenen Versuchen wurde eine Verminderung der Stützweite von 1000 auf 920 mm und weniger mehrfach festgestellt. Wenn es streng zulässig wäre, die Biegungsformel auch nach dem Eintritt der bleibenden Formänderung anzuwenden, so würde man bei der Inrechnungstellung der ursprünglichen Stützweite, wie es bei der Ermittelung der Werthe in Tabelle 3 geschehen ist, die Bruchspannung um $\frac{920}{1000}$ oder 8 % zu hoch finden.

Tabelle 3.
Zusammenstellung der Bruchlasten und Bruchspannungen.

$W = \frac{bh^2}{6}$ für alle 5 Versuchsstücke = 36 000.

Stab Nr.	1	2	3	4	5
Bruchlast kg . . . . =	2850	2400	2200	2300	2800
Bruchspannung $\frac{kg}{qmm}$. =	19,8	16,7	15,3	16,0	19,4

Bruchspannung im Mittel = 17,4 $\frac{kg}{qmm}$,

oder nach Berücksichtigung der Stützweiten-Verkürzung $17{,}4 \cdot \frac{920}{1000} = \mathbf{16{,}0} \frac{kg}{qmm}$.

Es sei hier bemerkt, daß in dem über die Versuche ausgestellten Attest die Verminderung der Stützweite nicht berücksichtigt worden ist; daselbst ist vielmehr als Mittelwerth für die Bruchspannung die Zahl 17,4 $\frac{kg}{qmm}$ angegeben.

Bald nach Beginn des Versuches ließen die Stäbe ein Knistern hören, welches in der Regel bis zum Bruche anhielt. Der Bruch erfolgte meistens ohne starkes Geräusch durch Einreißen der auf Zug beanspruchten Fasern.

Der Querschnitt des Stabes hat, in Folge des Fließens des Materiales, unter der Mittelschneide Veränderungen erlitten, über welche in Tabelle 2 die nöthigen Angaben gemacht worden sind.

Die Bruchfläche der Stäbe ist durch die photographischen Abbildungen Fig. 3, 6 und 9 Taf. III erläutert; Fig. 6 giebt eine Zusammenstellung der sämmtlichen erhaltenen Bruchstücke. Die Bruchflächen Fig. 3 und 9 zeigen ein hellweißes, krystallinisch zackiges Gefüge, wobei das Gefüge der Zugseite von demjenigen der Druckseite des Querschnittes deutlich auffallend abgegrenzt ist; man bemerkt diese Grenze auch auf der Photographie. Eigenthümlich sind die vielen, länglich runden Porenquerschnitte, welche sich in der Bruchfläche zeigen. Es liegt hier eine wesentliche Verschiedenheit gegen ähnliche, ursprünglich poröse, gewalzte Körper, z. B. Stahl, vor. Während man beim Stahl die ursprünglichen

Blasenflächen in den Brüchen von gewalzten Stücken fast immer eng aufeinanderliegend vorfindet, so daß auf einem geätzten Querschnitt die ursprünglichen Blasen als feine, kurze Linien erscheinen würden, findet man sie in den hier zu beschreibenden Bruchflächen meistens klaffend, im Querschnitt von linsenförmiger Gestalt, so daß es das Ansehen gewinnt, als ob das Material gleichsam wieder aufgequollen sei, nachdem es die Walze verließ.

B. Druckversuche.

Die Druckversuche sind mit würfelförmigen Stücken vorgenommen, welche nach vollendetem Biegungsversuch aus den Auflagerenden der Stäbe von 60×60 mm Querschnitt entnommen wurden. Sechs Würfel blieben an den vier gewalzten Außenflächen unbearbeitet, während die senkrecht zur Walzrichtung stehenden Stirnflächen parallel zu einander abgedreht worden sind. Diese sechs Würfel wurden in der Walzrichtung zerdrückt. Sie trugen die Zeichen 1 bis 5 und 3A, wobei die Zahlen anzeigen, daß der betreffende Würfel aus dem gleichbezifferten Stabe für die Biegungsversuche entnommen worden ist. Die beiden Würfel 4A und 5A wurden an allen sechs Flächen so bearbeitet, daß die Seitenabmessungen von etwa 60 mm auf 59 mm zurückgeführt wurden. Die Querschnittsverhältnisse sind mithin durch die Zahlen $\frac{3600}{3481} = 1{,}034$ gegeben. Diese letzten beiden Würfel wurden in der Richtung quer zur Walzrichtung zerdrückt.

Die Druckversuche sind mit der Werder-Maschine unter Anwendung des Bauschinger'schen Rollenfühlhebels (Apparat V, Uebersetzungsverhältniß 1:10) in der bekannten Anordnung*) von den Assistenten, Ingenieuren Kirsch und Krause, ausgeführt worden. Da bei dem ersten Versuch (3A) jedoch eine der benutzten Platten zerbrach, so wurde, um die Versuche nicht aufzuhalten, einerseits eine gußeiserne, bearbeitete Vorlegeplatte benutzt, deren Oberfläche allerdings etwas poröser und rauher war, als die der andererseits benutzten gehärteten Stahlplatte. Der Meßapparat wurde, wie es in der Versuchs-Anstalt bei den einfachen Druckversuchen Regel ist, auf die beiden Kopfplatten aufgesetzt, von denen die bewegliche nach dem genauen Ausrichten mit Hülfe der vier Kopfschrauben festgestellt worden war. Es ist auf diese Weise allerdings keine ganz streng richtige Messung zu erzielen, weil die Verdrückungen in den zwischengeschalteten Maschinentheilen mitgemessen werden und weil die bis zu einem gewissen Grade immerhin möglichen Aenderungen der parallelen Lage beider Druckflächen ebenfalls in die Messung eingehen, jedoch ist die Anordnung eine sehr einfache und für die praktischen Zwecke der Materialuntersuchung gewiß ausreichende. Von der Zuverlässigkeit der Methode für diese Zwecke kann man sich aus Nachfolgendem leicht überzeugen.

Als Anfangslast ist 1 t, als Belastungsstufe in der Regel 5 t gewählt. Die Abweichungen hiervon sind aus Tabelle 5 zu ersehen. Auf die Zeit ist nur in einzelnen Fällen Rücksicht genommen, die später besonders hervorzuheben sind; im Allgemeinen ist mit derjenigen Geschwindigkeit gearbeitet, die sich aus der unmittelbaren Aufeinanderfolge der Arbeitsvorgänge ergibt.

In Tabelle 4 (S. 11) ist wiederum zur Erläuterung ein vollständiges Protokoll zum Abdruck gebracht, während in Tabelle 5 (S. 12—17) die Zusammenstellung der Endergebnisse in abgekürzter Form für alle acht Versuchskörper mit den während der Versuche niedergeschriebenen Bemerkungen enthalten sind.

---

*) Diese Einrichtungen sind ausführlich beschrieben in: „Mittheilungen aus dem mechanisch-technischen Laboratorium der Königlichen technischen Hochschule in München." Heft 1.

Die Zahlenwerthe aus Tabelle 5 sind auf Tafel I in Fig. 4 bis 7 als Schaulinien wiedergegeben.

In Fig. 5 stellt die mit L bezeichnete Liniengruppe die bei verschiedenen Belastungen an den Würfeln 1 bis 5 erzielten Zusammendrückungen in Millimetern dar, während die Liniengruppe M die Zusammendrückungsunterschiede für je 5 t Belastung in zehnfachem Maßstabe aufgetragen ergiebt. Die einzelnen Linienzüge dürften aus der Zeichnung erkenntlich sein, sie sind an den Köpfen mit den Nummern der betreffenden Würfel bezeichnet, zu welchen sie gehören. In Fig. 4 sind die vollständigen Schaubilder für die beiden Würfel 1 und 2 eingetragen. Aus Fig. 5 erkennt man leicht die im Allgemeinen befriedigende Uebereinstimmung der fünf gleichwerthigen Versuche.

Aus Fig. 4 läßt sich ersehen, daß auch bei den Druckversuchen von einer Proportionalitätsgrenze nicht gesprochen werden kann. Die Linien h und i haben von Anfang an einen krummen Lauf und schon nach den ersten Belastungen zeigt sich eine bleibende Zusammendrückung, deren Größe mit steigender Belastung sehr schnell wächst, wie aus den

(Fortsetzung auf S. 18.)

Tabelle 4.
Prüfung eines Würfels auf Druckfestigkeit.

Länge oder Höhe 60,3 mm. — Gewicht 383 g. — Art der Lagerung: Druckrichtung in der Barrenaxe. — Querschnittsabmessungen: a = 60,4 mm, b = 60,4 mm. — Querschnitt = 3648 qmm.

Belastung		Ablesung am Apparat		Höhenverminderung		Zunahme der Höhenverminderung	Ausbauchung in der Mitte		Bemerkungen
Gesammtablesung am Appar.	kg pro qmm	V*) [rechts] mm	links	absolut mm	in %	mm	absolut mm	in %	
tons									
1		0,00		0,00					Die eine Druckplatte ist von Stahl und glatt, die andere von Gußeisen mit ziemlich poröser Oberfläche.
5		0,07		0,12		0,07			
10		0,20		0,33		0,13			
1		0,09		0,15					
10		0,20		0,33		0,11			
15		0,92		1,53		0,72			
20		1,74		2,89		0,82			
25		2,31		3,83		0,57			
1		2,0		3,32					
25		2,38		3,95		0,38			
30		2,89		4,79		0,51			
35		3,32		5,51		0,43			
40		3,70		6,14		0,38			
45		4,09		6,78		0,39			
50		4,39		7,28		0,30			
1		3,82		6,33					
50		4,45		7,38		0,63			
55		4,63		7,68		0,18			
60		5,01		8,31		0,38			
65		5,26		8,72		0,25			
70		5,60		9,29		0,34			Fließen.
75		5,80		9,62		0,20			
1		5,01		8,31					
75		5,90		9,78		0,89			
80		6,10		10,12		0,20			
85		6,44		10,66		0,34			
90		6,88		11,41		0,44			Risse.
95		7,11		11,79		0,23			
100		7,70		12,77		0,59			
1		6,91		11,46					
100	27,4	8,04		13,33		1,13			

*) App. V: Uebersetzung 1:10.

Nach 4 Minuten langem Stehen Zerstörung mit lautem Knall.

Maschine: A. Beobachter: gez. Krause.

Tabelle 5.
Zusammenstellung der Ergebnisse von Druckversuchen mit Magnesium.

Belastung tons	Gesammt-verkürzung mm	Unterschied für je 5 t Zuwachs mm	Bleibende Ver-kürzung bei Entlastung mm	Elastische Ver-kürzung mm	Bemerkungen zu der Versuchsausführung
\multicolumn{6}{l}{**Würfel Nr. 1.** Querschnittsabmessungen: 64,0 × 64,0 × (h = 60,3) mm; Körperinhalt = 0,22 cbdm; Gewicht = 0,383 kg; specifisches Gewicht = 1,74; Richtung nach der Barrenaxe.}					
1	0,00				
5	0,07	0,07			
10	0,20	0,13			
1	0,09		0,09	0,11	
10	0,20			(1,22)*)	
15	0,92	0,72			
20	1,74	0,82			
25	2,31	0,57			
1	2,00		2,00	0,31	
25	2,38			(0,15)	
30	2,89	0,51			
35	3,32	0,43			
40	3,70	0,38			
45	4,09	0,39			
50	4,39	0,30			
1	3,82		3,82	0,55	
50	4,45			(0,14)	
55	4,63	0,18			
60	5,01	0,38			
65	5,26	0,25			
70	5,60	0,34			Fließen.
75	5,80	0,20			
1	5,01		5,01	0,79	
75	5,90			(0,16)	
80	6,10	0,20			
85	6,44	0,34			
90	6,88	0,44			Risse.
95	7,11	0,23			
100	7,70	0,59			
1	6,91		6,91	0,79	
100	8,04	Bruchlast		(0,11)	Nach 4 Minuten langem Stehen Zerstörung mit lautem Knall.
\multicolumn{6}{l}{**Würfel Nr. 2.** Querschnittsabmessungen: 60,4 × 60,5 × (h = 60,3) mm; Körperinhalt = 0,22 cbdm; Gewicht = 0,383 kg; specifisches Gewicht = 1,74; Druckrichtung in der Barrenaxe.}					
1	0,00				
5	0,13	0,13			
10	0,33	0,20			
1	0,19		0,19	0,14	
10	0,36			(0,74)	
15	0,98	0,62			
20	1,66	0,68			
25	2,32	0,66			
1	2,00		2,00	0,32	
25	2,51			(0,16)	
30	2,85	0,34			

*) Die eingeklammerten Zahlen geben das Verhältniß zwischen elastischer und bleibender Zusammendrückung an.

Die Festigkeitseigenschaften des Magnesiums.   13

Belastung tons	Gesammt= verkürzung mm	Unterschied für je 5 t Zuwachs mm	Bleibende Ver= kürzung bei Entlastung mm	Elastische Ver= kürzung mm	Bemerkungen zu der Versuchsausführung
35	3,37	0,52			
40	3,74	0,37			
45	4,16	0,42			
50	4,50	0,34			
1	3,93		3,93	0,57 (0,15)	
50	4,60				
55	4,90	0,30			
60	5,20	0,30			
65	5,50	0,30			
70	5,82	0,32			Fließen.
75	6,19	0,37			
1	5,41		5,41	0,78 (0,14)	
75	6,29				
80	6,59	0,30			
85	6,94	0,35			Längsriß.
90	7,32	0,38			
95	7,69	0,37			
100	8,40	0,71			
1	7,70		7,70	0,70 (0,09)	
100	9,70	Bruchlast			Bruch mit Geräusch sofort nach dem Einspielen.

Würfel Nr. 3. Querschnittsabmessungen: 60,8 × 60,6 × (h = 60,4) mm; Körperinhalt = 0,22 cbdm; Gewicht = 0,383 kg; specifisches Gewicht = 1,74; Druckrichtung in der Barrenaxe.

Belastung tons	Gesammt= verkürzung mm	Unterschied für je 5 t Zuwachs mm	Bleibende Ver= kürzung bei Entlastung mm	Elastische Ver= kürzung mm	Bemerkungen zu der Versuchsausführung
1	0,00				
5	0,12	0,12			
10	0,30	0,18			
1	0,19		0,19	0,11 (0,57)	
10	0,31				
15	0,70	0,39			
20	1,40	0,70			
25	2,10	0,70			
1	1,83		1,83	0,27 (0,15)	
25	2,20				
30	2,65	0,45			
35	3,15	0,50			
40	3,58	0,43			
45	3,98	0,40			
50	4,31	0,33			
1	3,87		3,87	0,44 (0,12)	Risse.
50	4,40				
55	4,59	0,19			
60	4,89	0,30			
65	5,20	0,31			
70	5,48	0,28			
75	5,80	0,32			Fließen.
1	5,20		5,20	0,60 (0,12)	
75	5,90				
80	6,09	0,19			
85	6,51	0,42			
90	6,75	0,24			
95	7,20	0,45			
100	7,70	0,50			

Belastung tons	Gesammt-verkürzung mm	Unterschied für je 5 t Zuwachs mm	Bleibende Ver-kürzung bei Entlastung mm	Elastische Ver-kürzung mm	Bemerkungen zu der Versuchsausführung
1	7,00		7,00	0,70	
100	8,00			(0,10)	
	9,10	Bruchlast			Bruch nach 3 min. mit lautem Knall.

Würfel Nr. 4. Querschnittsabmessungen: 60,7 × 60,8 × (h = 60,3) mm; Körperinhalt = 0,22 cbdm; Gewicht = 0,384 kg; specifisches Gewicht = 1,75; Druckrichtung in der Barrenaxe.

1	0,00				
5	0,12	0,12			
10	0,35	0,23			
1	0,21		0,21	0,14	
10	0,38			(0,67)	
15	1,00	0,62			
20	1,72	0,72			
25	2,40	0,68			
1	2,11		2,11	0,29	
25	2,49			(0,14)	
30	2,93	0,44			
35	3,40	0,47			
40	3,80	0,40			
45	4,24	0,44			
50	4,52	0,28			
1	4,05		4,05	0,47	
50	4,68			(0,12)	
55	4,90	0,22			Risse.
60	5,20	0,30			
65	5,52	0,32			
70	5,84	0,32			
75	6,25	0,41			Fließen langsamer als bei den vorigen Körpern.
1	5,60		5,60	0,65	
75	6,39			(0,12)	
80	6,60	0,21			
85	6,94	0,34			
90	7,25	0,31			
95	7,87	0,62			
100	8,30	0,43	Bruchlast		
—	9,30				Nach 45 sec. Bruch mit lautem Geräusch.

Würfel Nr. 5. Querschnittsabmessungen: 60,8 × 60,8 × (h = 60,4) mm; Körperinhalt = 0,22 cbdm; Gewicht = 0,384 kg; specifisches Gewicht = 1,75; Druckrichtung in der Barrenaxe.

1	0,00				
5	0,10	0,10			Oberfläche sehr ungleichmäßig.
10	0,28	0,18			
1	0,14		0,14	0,14	
10	0,28			(1,00)	
15	0,90	0,62			
20	1,71	0,81			
25	2,40	0,69			
1	2,09		2,09	0,31	
25	2,49			(0,15)	

Die Festigkeitseigenschaften des Magnesiums.

Belastung tons	Gesammt-verkürzung mm	Unterschied für je 5 t Zuwachs mm	Bleibende Ver-kürzung bei Entlastung mm	Elastische Ver-kürzung mm	Bemerkungen zu der Versuchsausführung
30	3,00	0,51			
35	3,49	0,49			
40	3,85	0,36			
45	4,29	0,44			Risse; Abspalten.
50	4,56	0,27			
1	4,01		4,01	0,55	
50	4,68			(0,14)	
55	4,92	0,24			
60	5,20	0,28			
65	5,52	0,32			
70	5,88	0,36			
75	6,10	0,22			Fließen.
1	5,42		5,42	0,68	
75	6,22			(0,13)	
80	6,43	0,21			
85	6,84	0,41			
90	7,17	0,33			
95	7,49	0,32			
100	8,0	0,51			Bruch nach 2 min. 45 sec. mit ziemlich lautem Ge-
—	9,25	Bruchlast			räusch.

Würfel Nr. 4 A. Querschnittsabmessungen: 59 × 59 × (h = 59) mm; Körperinhalt = 0,21 cbdm; Gewicht = 0,360 kg; specifisches Gewicht = 1,71; Druckrichtung quer zur Barrenaxe.

Belastung tons	Gesammt-verkürzung mm	Unterschied für je 5 t Zuwachs mm	Bleibende Ver-kürzung bei Entlastung mm	Elastische Ver-kürzung mm	Bemerkungen zu der Versuchsausführung
1	0,00				
5	0,19	0,19			Würfel ringsum bearbeitet.
10	0,48	0,29			
1	0,28		0,28	0,20	
10	0,49			(0,72)	
15	0,99	0,50			
20	1,55	0,56			
25	2,00	0,45			
1	1,61		1,61	0,39	
25	2,08			(0,23)	Ausbauchung.
30	2,49	0,41			
35	2,92	0,43			
40	3,30	0,38			
45	3,74	0,44			
50	4,20	0,46			
1	3,63		3,63	0,57	
50	4,29			(0,16)	
55	4,60	0,31			
60	5,03	0,43			
60	5,19	0,16			Fließen.
65	5,60	0,41			
70	6,19	0,59			
75	7,03	0,84			
1	6,40		6,40	0,63	
75	7,60			(0,10)	
—	7,70				
80	Bruchlast				Der Bruch erfolgte, bevor 80 t hoch kamen.

16 Die Festigkeitseigenschaften des Magnesiums.

Belastung tons	Gesammt-verkürzung mm	Unterschied für je 5 t Zuwachs mm	Bleibende Ver-kürzung bei Entlastung mm	Elastische Ver-kürzung mm	Bemerkung zu der Versuchsausführung

Würfel Nr. 5A. Querschnittsabmessungen: $59 \times 59 \times 59$ mm; Körperinhalt = 0,21 cbdm; Gewicht = 0,361 kg; specifisches Gewicht 1,72; Druckrichtung quer zur Barrenaxe.

Belastung	Gesammt	Untersch.	Bleib.	Elast.	Bemerkung
1	0,00				
5	0,12	0,12			
10	0,38	0,26			Würfel ringsum bearbeitet, doch mit Fehlstellen.
1	0,20		0,20	0,18	
10	0,39			(0,90)	
15	0,89	0,50			
20	1,49	0,60			
25	2,00	0,51			Ausbauchung.
1	1,60		1,60	0,40	
25	2,08			(0,25)	
30	2,49	0,41			
35	2,90	0,41			
40	3,39	0,49			Krispelig.
45	3,79	0,40			
50	4,20	0,41			Fließen.
1	3,64		3,64	0,56	
50	4,30			(0,15)	
55	4,60	0,30			
60	5,08	0,48			
65	5,60	0,52			
70	6,10	0,50			
72,5	6,39				
75	6,80	0,70			
76	7,12				
77	7,40				
78	7,65				
79	8,30				
80	8,70	0,90	Bruchlast		Bruch, ohne daß 80 t noch hoch kamen.

Belastung tons	Gesammt-verkürzung mm	Unterschied für den Be-lastungs-zuwachs mm	Bleibende Ver-kürzung bei Entlastung mm	Elastische Ver-kürzung mm	Nachfließen in 0—2 min		Bemerkungen
					Ge-sammt-ver-kürzung mm	Unter-schied mm	

Würfel Nr. 3A. Querschnittsabmessungen: $60,5 \times 60,5 \times (h = 60,6)$ mm; Körperinhalt = 0,22 cbdm; Gewicht = 0,384 kg; specifisches Gewicht = 1,74; Druckrichtung in der Barrenaxe.

1	0,00						
2	0,03	0,03					
3	0,08	0,05					
4	0,10	0,02					
5	0,12	0,02					
6	0,13	0,01					
7	0,16	0,03					
8	0,18	0,02					
9	0,20	0,02					
10	0,22	0,02					

Die Festigkeitseigenschaften des Magnesiums.

Belastung t	Gesammt= verkürzung mm	Unterschied für den Be= lastungs= zuwachs mm	Bleibende Ver= kürzung bei Entlastung mm	Elastische Ver= kürzung mm	Nachfließen in 0—2 min		Bemerkungen
					Ge= sammt= ver= kürzung mm	Unter= schied mm	
1	0,08		0,08	0,14			
10	0,22			(1,75)			
1	0,10		0,10	0,12			
10	0,23			(1,20)			
15	0,67	0,44					
1	0,45		0,45	0,22			
15	0,68			(0,49)			
20	1,70	1,02					
1	1,39		1,39	0,31			
20	1,69			(0,22)			
25	2,18	0,49					
1	1,82		1,82	0,36			
25	2,20			(0,19)	2,23	0,03	
30	2,68	0,48			2,78	0,10	
35	3,22	0,54			3,30	0,08	
40	3,64	0,42			3,73	0,09	
1	3,23		3,23	0,50			
40	3,78			(0,15)			
45	4,00	0,22			4,16	0,16	
50	4,36	0,36			4,50	0,14	
55	4,71	0,35			4,87	0,16	
60	4,99	0,28			5,15	0,16	
1	4,51		4,51	0,64			
60	5,17			(0,14)			
65	5,30	0,13			5,42	0,12	
70	5,59	0,29			5,74	0,15	
75	5,84	0,25			6,00	0,16	
80	6,17	0,33			6,30	0,13	
1	5,57		5,57	0,73			
80	6,37			(0,13)			
85	6,50	0,13			6,83	0,33	
90	6,83	0,33			(7,40)	(0,57)	Ruck. Die Druckplatte zeigte einen Riß und wurde ausgewechselt. Bei der Vermessung zeigte der Würfel eine Verkürzung von 6 mm. Querschnittsabmessungen: 63,5×64,9 ×(h = 54,6) mm.
1	6,00		6,00	0,83			
10	6,26			(0,14)			
20	6,45						
30	6,60						
40	6,72						
50	6,82						
1	6,15						
50	6,82						
60	6,92						
70	7,00						
80	7,13						
90	7,40				7,48	0,08	
1	6,68		6,68	0,80			
90	7,55			(0,12)			
95	7,80	0,25			7,92	0,12	
100	8,20	0,40			8,65	0,45	
					9,02	0,37	
					9,35	0,33	Sehr allmähliche Beschleunigung. Plötzlicher Bruch.
100	Bruchlast						

Entlastungsschaulinien und aus dem Verlauf der Linien h_1 und i_1 zu ersehen ist. Auch aus den Liniengruppen h_3 und i_3 erkennt man sofort das Fehlen der Proportionalität. Diese Linien zeigen, wie der Zusammendrückungsunterschied für je eine Belastungsstufe anfangs sehr schnell zunimmt, mit etwa 20 t seinen größten Werth erreicht, um dann wieder stark abzunehmen und nun mit scheinbar unregelmäßigen Sprüngen sich zwischen etwa 55—75 t der Nullinie am meisten anzunähern und dann bis zum Bruch wiederum zu wachsen. Entsprechend diesem Verhalten zeigt die Druckschaulinie zwei Wendepunkte, einen bei 20 t, den andern auf der Strecke zwischen 55 und 75 t. Das „Fließen" des Materiales beginnt mit etwa 10 t, welche Belastung also der von Bauschinger so genannten „Quetschgrenze" entsprechen würde. Es ist hier übrigens noch darauf aufmerksam zu machen, daß von dem Beobachter regelmäßig der Beginn des Fließens bei etwa 70 t aufgezeichnet worden ist (vergl. Tabelle 5). Hier scheint zweifellos eine Täuschung vorzuliegen, die durch die noch zu besprechenden Unregelmäßigkeiten im Fließen des Materiales begründet sein dürfte.

Die elastische Zusammendrückung tritt gegenüber der bleibenden sehr stark zurück, wie aus dem Vergleich der beiden zusammengehörigen Linien h_1 und h_2 und i_1 und i_2 leicht erkannt wird. Das Verhältniß ändert sich während des Versuches in wesentlich anderer Weise als bei den Biegungsversuchen. In Fig. 5 und 6 sind die den Mittelwerthen aus diesen Verhältnißzahlen entsprechenden Linienzüge unter der Bezeichnung x und y eingetragen. Diese Linien zeigen, daß das Verhältniß ursprünglich größer als 1, mit wachsender Belastung sehr schnell abnimmt und sich der Nullinie sehr stark annähert; es kann von etwa 25 t ab als gleich groß angenommen werden, da es von hier ab bis zur Bruchlast für die Körper 1 bis 5 von etwa 0,15 auf etwa 0,11 und für die Körper 4 A und 5 A von etwa 0,24 auf etwa 0,10 abnimmt.

Ueber die Linien der Zusammendrückungsunterschiede ist noch zu bemerken, daß sie auf den ersten Blick sehr große Abweichungen zu bieten scheinen, wenn auch das früher geschilderte allgemeine Gesetz ihrer Krümmung ohne Weiteres erkennbar hervortritt. An diesen Unregelmäßigkeiten ist nicht nur der 10fach größere Maßstab, sondern vielmehr noch eine, beim Magnesium besonders stark hervortretende Materialeigenthümlichkeit schuld. Das Magnesium zeigt nämlich in auffallend hohem Grade Nachwirkungserscheinungen, wie dies sich namentlich bei der Besprechung der Zerreißversuche ergeben wird. Diese Nachwirkungen äußern sich nun bei den Druckversuchen in der Weise, daß jedesmal durch den ersten auf eine Wiederbelastung folgenden Belastungszuwachs von 5 t eine wesentlich geringere Zusammendrückung erzielt wird als durch die nachfolgenden Zuwächse von je 5 t. (Unter Wiederbelastung ist hierbei der der Entlastung folgende Belastungssprung von 1 t auf die zuletzt vor der Entlastung angewendete Belastungsgröße verstanden.) Man vermag diesen Umstand zwar bei den ersten Entlastungen nicht klar zu erkennen, weil hier noch die Linien einen zu steilen Verlauf gegen die Nullinien haben und die Messungen überhaupt wohl nicht mit hinreichender Feinheit ausgeführt sind; hauptsächlich aber dürfte auch der Umstand mitwirken, daß die Größe der Nachwirkungen erst bei den höheren Belastungen deutlicher hervortritt. Die auf die Entlastungen von 50 t und 75 t folgenden Zuwächse auf 55 t beziehentlich 80 t lassen aber die Verminderung der Zusammendrückung ganz klar erkennen und man erhält als Mittel aus allen fünf Versuchen an den Körpern 1 bis 5 etwa den Linienzug O Fig. 5, welcher die beiden entstehenden Zacken klar erkennen läßt. Ohne die Entlastungen würde der Linienzug wahrscheinlich den punktirten Verlauf genommen haben. Die Erklärung dieser Vorgänge wird nach der Besprechung der Zerreißversuche leicht zu finden sein.

Die Druckversuche quer zur Walzrichtung haben bemerkenswerthe Unterschiede ergeben, welche sowohl in den gewonnenen Versuchswerthen als auch in den Erscheinungen an den Probekörpern eigenthümlich hervortreten.

Um dem Leser den Vergleich möglichst zu erleichtern, sind aus den Schaulinien für die Versuche 4 A und 5 A (Fig. 6) die Ausgleichslinien T, U, V, W entworfen und mit den entsprechenden punktirt eingetragenen Linien N und O verglichen. Wegen der nur geringfügigen Verschiedenheit der Würfelabmessungen darf man, ohne einen großen Fehler zu begehen, die erhaltenen Werthe unmittelbar mit einander vergleichen. Man erkennt, daß bei nahezu gleicher Gesammtdehnung die Bruchlast geringer geworden ist. Die Linie W zeigt wohl im Allgemeinen einen ähnlichen Verlauf wie O, sie unterscheidet sich aber dadurch, daß der größte Werth der Zusammendrückung für je 5 t allerdings ebenfalls nahezu bei 20 t liegend geringer, dagegen die übrigen Werthe größer sind als bei O. Die Nachwirkungserscheinungen treten hier nur einmal deutlich hervor, weil die spätere Entlastung unmittelbar vor dem Bruch erfolgt ist. Das Verhältniß zwischen elastischer und bleibender Zusammendrückung ist ein etwas größeres, als bei der Zusammendrückung in der Walzrichtung, wie dies ja schon aus den oben mitgetheilten Zahlenwerthen sich ergiebt.

Bevor zur Beschreibung der Brucherscheinungen übergegangen wird, sollen noch die Ergebnisse von Versuch 3 A besprochen werden, welche in dem Schaubilde Fig. 7 zeichnerisch wiedergegeben sind. Beim Versuch 3 A ist der Einfluß der Zeit auf das „Fließen" des Materiales festgestellt worden. Aus der Schaulinie k ersieht man, daß der allgemeine Verlauf der Linie der gleiche ist, wie er früher beschrieben wurde. Die Längen der dicken wagerechten Striche in den Stufen geben jedesmal das Nachfließen (Zusammendrückung) an, welches das Probestück unter der Einwirkung der jeweiligen Belastung innerhalb der ersten beiden Minuten nach dem ersten Einspielen der Waage erfährt. Man erkennt, wie die Größe dieses Nachfließens Anfangs etwas zunimmt, dann beständig bleibt und gegen Ende des Versuches schnell wächst. Aus der Länge der Linien für die Zeiteinheit würde man die unter einer bestimmten Belastung eintretende Fließgeschwindigkeit ableiten können. Man bemerkt an der letzten Stufe (Belastung 100 t), bei welcher die den einzelnen Zeitabschnitten entsprechenden Fließlängen bezeichnet sind, daß die Geschwindigkeit unmittelbar nach dem ersten Einspielen der Waage am größten ist und daß sie in den folgenden Zeitabschnitten geringer wird. Bei Besprechung der Zerreißversuche muß hierauf noch näher eingegangen werden. Bei dem Versuche 3 A mußte wegen des Bruches eines Maschinentheiles ein Aufenthalt eintreten; deswegen wurde bei 90 t entlastet und nach einiger Zeit der Versuch wiederholt, indem man nunmehr von vorne anfangend mit Belastungsstufen von 10 t wieder bis auf 90 t vorging. Man erkennt, daß die neu entstehende Schaulinie einen sehr viel steileren, aber auch nicht geradlinigen Verlauf hat, als die erste. Während des ersten Theiles des Versuches ist die durch die Belastung (90 t) erzielbare bleibende Formänderung fast ganz erreicht, die Arbeitsfähigkeit des Materiales entsprechend erschöpft; während des zweiten Theiles ist die bleibende Formänderung eine sehr geringe und der auf ihre Erzeugung gerichtete Theil der mechanischen Arbeit kaum größer, als die elastische Formänderungsarbeit, wie man aus dem Vergleich der betreffenden Schaubildflächen ohne Weiteres ersieht. Auch auf diese Verhältnisse kann jedoch erst bei Besprechung der Zerreißversuche näher eingegangen werden. Es ist nun noch nöthig, auf den Verlauf der Linie k_3 zu verweisen, welche die Zusammendrückungsunterschiede für je 5 t Belastung angiebt, gemessen vom ersten Einspielen der letzten Belastung bis zum ersten Einspielen der folgenden, also in dem bislang benutzten Sinne. Die Linie zeigt dementsprechend auch volle Uebereinstimmung mit den früher besprochenen. Da die Entlastungspunkte durch kleine

Kreise angedeutet sind, so erkennt man an den Zacken auch deutlich den Einfluß der vorausgehenden Entlastung auf den nachfolgenden Zusammendrückungsunterschied. Die punktirte Linie $k_{3'}$ giebt die Unterschiede für je 5 t Belastung, gemessen vom Endpunkt der Nachfließlinie bis zum ersten Einspielen unter der folgenden Belastung. Der Verlauf dieser Linie nähert sich mehr der Nullinie und zeigt nicht so große Schwankungen als derjenige von k_3; im Allgemeinen besteht aber Aehnlichkeit zwischen beiden.

Tabelle 6.
Zusammenstellung der Bruchlasten und Bruchspannungen.

Würfel . . . . . Nr.	1	2	3	4	5	3 A	4 A	5 A
Bruchlast . . . kg	100000	100000	100000	100000	100000	100000	80000	80000
Bruchspannung . . $\frac{kg}{qmm}$	27,4	27,4	27,1	27,1	27,0	27,3	23,0	23,0
Höhenverminderung . %	13,3	16,1	15,0	15,4	15,3	15,4	13,1	14,7
Mittlere Bruchspannung $\frac{kg}{qmm}$	27,2						23,0	
Mittlere Höhenverminderung %	15,1						13,9	

Verhältnißzahlen für mittlere Bruchspannung = 85
Höhenverminderung = 92
bezogen auf 1 bis 3 A als 100.

Die Brucherscheinungen bei den untersuchten Würfeln sind durch die Abbildungen (Fig. 1, 2, 4, 5, 7 und 8, Taf. III) veranschaulicht. Es sind regelmäßig quer durch das Stück verlaufende Bruchebenen entstanden, welche entweder von der einen Ecke zur gegenüberliegenden laufen, oder durch zwei gegenüberliegende Kanten der beiden Druckflächen gehen; ganz ähnlich den Trennungsflächen, wie man sie bei Druckversuchen mit Holz zu erhalten pflegt. Man ist nicht im Stande, die sonst für Druckversuche charakteristischen Doppelpyramiden zu erkennen. Mehrfach findet man einen Theil des Kantenmateriales durch Abschiebungen nach gleich gerichteten Flächen losgetrennt, etwa wie es bei a in der nachstehenden Figur 2 dargestellt ist. Auf den Seitenflächen der bearbeiteten Würfel findet man, daß in der Bruchfuge scharfe Zacken (Fig. 3) vorhanden und ferner neben der

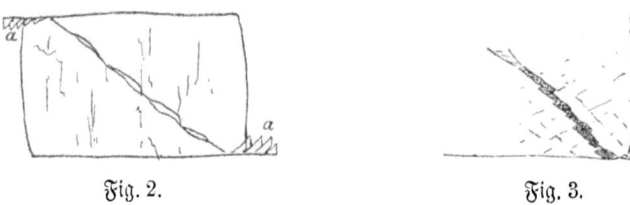

Fig. 2.   Fig. 3.

Bruchfuge sich kreuzende Linien zu bemerken sind, welche andeuten, daß auch nach den anderen Schubflächen eine Trennung des Materials bereits eingeleitet war. Die Seitenflächen des Würfels zeigen in der Regel Längsrisse, herrührend von den sich öffnenden Walzfugen und Schweißstellen; sie sind nur sehr wenig ausgebaucht. Eine auffallend andere Erscheinung bieten aber in dieser Beziehung die quer zur Walzrichtung zerdrückten Würfel. Bei denselben sind die senkrecht zur Walzrichtung liegenden Würfelflächen, entgegengesetzt den sonst gewohnten Ausbauchungen, nach innen gewölbt, so daß also der Würfel in der Walzrichtung in seiner Mitte eine geringere Ausdehnung erfahren hat.

Beide Würfel haben nach dem Bruch in der Mittellinie nach der Walzrichtung höchstens eine Verlängerung von 0,8 mm erfahren, während die Verlängerung der Mittellinie senkrecht hierzu etwa 11 mm beträgt. Die eine der Flächen senkrecht zur Walzrichtung ist bei beiden Würfeln ganz bedeutend stärker nach innen gekrümmt als die andere; leider kann die ursprüngliche Lage der Körper im Stabe nicht mehr angegeben werden. Die ursprünglichen Kanten des Walzstabes haben eine größere Längenänderung erlitten als die Mittellinie des Körpers. Fig. 2 und 5 zeigen diese Zustände deutlich. Man darf hier wohl vermuthen, daß innere Spannungszustände durch das Auswalzen im Material erzeugt worden sind, welche als Beeinflussung des Formänderungsvorganges zum Ausdruck kommen, sobald durch den Festigkeitsversuch die Bewegung der kleinsten Theilchen eingeleitet ist. Die Erscheinungen, wie sie beim Zerreißversuch auftreten und nunmehr zu besprechen sind, dürften diese Vermuthung stützen. Erwähnt sei übrigens noch, daß an den bearbeiteten Würfeln schließlich alle aufgeschlagenen, durch die Bearbeitung entfernten Bezeichnungen beim Versuch deutlich wieder hervortraten, wie dies auch bei anderen Materialien vielfach bemerkt worden ist.

C. Zerreißversuche.

Die Zerreißversuche sind an Rundstäben von der Normalform der Versuchs-Anstalt angestellt, welche aus gewalzten Rundstäben von 30 mm Durchmesser entnommen wurden. Die Versuche wurden auf der vom Verfasser für 50 000 kg Belastung construirten Maschine (Maschine G der Versuchs-Anstalt) und unter Benutzung der ebenfalls von ihm construirten Spiegelapparate vom Assistenten, Ingenieur Krause, und vom Verfasser ausgeführt. Ueber die vorgenannte Maschine, sowie über die neuen Feinmeßapparate der Versuchs-Anstalt wird in einem späteren Aufsatze ausführlich berichtet werden; es werde hier nur kurz bemerkt, daß das wahre Uebersetzungsverhältniß des Spiegelapparates in der für die Versuchsausführung benutzten Aufstellung 1 : 511 gewesen ist, während bei Ermittelung der hier mitgetheilten Werthe das Verhältniß 1 : 500 in Rechnung gestellt worden ist. Außerdem ist mehrfach der Ablesemaßstab in seiner ganzen Länge gebraucht worden, wodurch, infolge des großen Ausschlagwinkels von etwa 18°, vom Winkelbetrage abhängige Fehler bis zum Höchstbetrage von etwa 3 % entstanden sind. Von einer Berichtigung der erhaltenen Zahlen wurde aber Abstand genommen, weil hierfür ein praktisches Bedürfniß nicht vorlag und die beabsichtigten Vergleiche auch an den mit einem geringen Fehler behafteten Zahlen zutreffend bleiben werden.

Die rohen unbearbeiteten Versuchsstücke zeigten ebenfalls aufgewalzte Schiefer. Bei der Bearbeitung verschwanden jedoch diese Fehlstellen gänzlich, so daß die Versuche recht gleichmäßig und zuverlässig ausgefallen sind.

Bei den voraufgehenden Biegungs- und Druckversuchen hatte man bereits die Ueberzeugung gewonnen, daß man es beim Magnesium mit einem Material zu thun habe, welches dem Einflusse der Geschwindigkeit in der Versuchsausführung in sehr hohem Grade unterworfen ist. Es lag deswegen nahe, bei den Zerreißversuchen diesen Einfluß thunlichst eingehend zu untersuchen, weil man hier mit wesentlich feineren Meßmethoden arbeiten konnte und weil auch der Beobachter die Versuchsausführung bei der Maschine G sicherer in der Hand hat und besser für ein völlig gleichartiges Vorgehen Sorge tragen kann, als bei der Werder-Maschine.

Die Versuche 3 und 4 sind mit Belastungsstufen von 0,25, beziehentlich 0,5 t schlichtweg ohne Entlastungen ausgeführt. Dabei ist der Versuch 3 thunlichst schnell, der Versuch 4 möglichst langsam, aber so vollzogen, daß die Kolbengeschwindigkeit der Maschine im erften Falle während des Streckens eine beträchtliche war, während sie im zweiten auf etwa 0,28 mm für die Minute bemessen wurde. Der Versuch 3 nahm dementsprechend 14 Minuten, Versuch 4 aber 200 Minuten in Anspruch. Die Versuche 1, 2 u. 5 sind mit Belastungsstufen von 0,25 t und mit Entlastungen bei je 0,5 t gleichartig durchgeführt, mit dem Unterschiede jedoch, daß bei Versuch 1 nach den Entlastungen jedesmal nur 3 Minuten gewartet wurde, bevor die zweite Ablesung erfolgte, während bei den Versuchen 2 und 5 nach dem Einspielen der jeweiligen Belastung mehrere Minuten gewartet und dabei mit jedem Minutenschlage abgelesen wurde. Diese wiederholten Ablesungen erfolgten bei Versuch 2 nach jeder Belastung 5 Minuten lang, nach jeder Entlastung 3 Minuten lang, während bei Versuch 5 nach jeder Belastung 15 Minuten lang, nach jeder Entlastung aber 7 bis 10 Minuten lang abgelesen worden ist. Die Versuche 1 und 2 sind auf die beschriebene Weise sofort, der Versuch 5 aber wurde mit mehrtägigen Unterbrechungen zu Ende geführt, und zwar wurde für denselben innerhalb der Belastungsgrenzen von 0,25 t bis 5,5 t die Prüfung völlig gleichartig, wie bei Versuch 4, vier Mal wiederholt und nach der vierten Wiederholung der Stab zerrissen. Vor und nach jeder Prüfung wurde der Stab bei Zimmerwärme auf der Theilmaschine der Versuchs-Anstalt mit dem mit Präcisions-Aichung versehenen Messing-Normalmaß mikrometrisch verglichen, wobei stets die gleichen Theilstriche des Maßstabes benutzt worden sind. Die Vergrößerung des Mikroskops ist etwa eine zehnfache und eine Umdrehung der Mikrometerschraube wurde, durch zu verschiedenen Zeiten oft wiederholte Messungen der beiden Millimetertheilungen 98 bis 100 des Maßstabes, zu 0,1234 mm festgestellt, wobei die ersten drei Stellen als sicher angesehen werden dürfen.

Die Versuchsergebnisse sind in den beiden nachstehenden Tabellen 7 und 8 zusammengestellt und zwar giebt Tabelle 7 wiederum ein Protokoll, wie es in der Versuchs-Anstalt für Zerreißversuche üblich ist und Tabelle 8 eine Zusammenstellung der Ergebnisse in abgekürzter Form.

Tabelle 7.
Prüfung eines Rundstabes auf Zugfestigkeit.

Versuchslänge: normal. Meßlänge: 150 mm, d = 19,8 mm. Querschnitt = 308 qmm. Meßapparat: IV b.

Belastung tons	Spannung kg pro qmm	Bewegung der Spiegel		Summe der Bewegungen	Dehnung		Belastung tons	Dehnung mm	Bemerkungen
		links $\frac{1}{5000}$ mm	rechts $\frac{1}{5000}$ mm	$\frac{1}{10000}$ mm	Differenzen $\frac{1}{10000}$ mm	Fließgeschwindigkeit			
0,25									ΔΔ
0,5		148	153	301					
1		454	480	934	633	633			30
1,5		770	827	1597	663	1296			50
2		1110	1200	2310	713	2009			35
2,5		1469	1589	3058	748	2757			65
3		1859	2012	3871	813	3570			71
3,5		2280	2475	4755	884	4454			56
4		2730	2965	5695	940	5394			97
4,5		3220	3512	6732	1037	6431			186
5,0		3780	4175	7955	1223	7654			122 faſt Fließen
5,5		4400	4910	9310	1345	9009			
6,0		5300*)					6	1,0	*) rechter Maßstab verschwunden.
							6,5	1,5	
							6,75	1,8	
							7,0	2,2	krispelig
							7,25	3,5	mit 50 kg weiter
							7,35		Bruchlast
	23,9				Bruch mit lautem Knall				

Maschine: G. Beobachter: gez. Krause.

Tabelle 8.
Gegenüberstellung der Ergebnisse von Zugversuchen mit Magnesium.
Den Versuchen haben Normal-Rundstäbe von 20 mm Durchmesser zu Grunde gelegen.

Belastung des Stabes t	Gesammt-dehnung mm	Unterschied für je 0,25 t Zuwachs mm	Bleibende Dehnung bei Entlastung mm	Elastische Dehnung mm	Nachfließen bei Belastung und Entlastung nach Minute			Nach-fließen in 0,0001 mm	Bemerkungen
					1	2	3		

Stab 1. Versuchsdauer 130 min.

Belastung t	Gesammtdehnung mm	Unterschied mm	Bleibende Dehnung mm	Elastische Dehnung mm	1	2	3	Nachfließen	Bemerkungen
0,25	0,000								
0,50	0,0279	0,0279							
0,25	−0,0002	—	−0,0002	0,0281 (∞)*)					
0,50	0,0276	0,0278							
0,75	0,0574	0,0298							Strecken.
1,00	0,0891	0,0317							
0,25	0,0026	—	0,0026	0,0865 (33,3)					
1,00	0,0893	—							
1,25	0,1223	0,0330							
1,50	0,1564	0,0341							
0,25	0,0102	—	0,0102	0,1462 (14,3)					
1,50	0,1568	—							
1,75	0,1910	0,0342							
2,00	0,2279	0,0369							
0,25	0,0203	—	0,0203	0,2076 (12,5)	0,0198			− 5	
2,00	0,2292	—							
2,25	0,2651	0,0359							
2,50	0,3051	0,0400							
0,25	0,0342	—	0,0342	0,2709 (7,9)	0,0330			− 12	
2,50	0,3075	—							
2,75	0,3461	0,0386							
3,00	0,3882	0,0421							
0,25	0,0497	—	0,0497	0,3385 (6,8)	0,0477			− 20	
3,00	0,3917	—							
3,25	0,4310	0,0393							
3,50	0,4768	0,0458							
0,25	0,0694	—	0,0694	0,4074 (5,9)	0,0668			− 26	
3,50	0,4812	—							
3,75	0,5270	0,0458							
4,00	0,5757	0,0487							
0,25	0,0947	—	0,0947	0,4810 (5,1)	0,0916			− 31	
4,00	0,5842	—							
4,25	0,6310	0,0468							
4,50	0,6852	0,0542							
0,25	0,1260	—	0,1260	0,5592 (4,4)	0,1224			− 36	
4,50	0,6975	—							
4,75	0,7594	0,0619							
5,00	0,8370	0,0776							
0,25	0,1990	—	0,1990	0,6380 (3,2)	0,1963			− 27	Um die Ablesungen noch weiter fortsetzen zu können, wurden die Spiegel von etwa 5000 auf 3000 zurück-gestellt.
5,00	0,8730	—							
5,25	0,9475	0,0745							
5,50	1,0420	0,0955							
0,25	0,3273	—	0,3273	0,7174 (2,2)	0,3199			− 74	Die Maße konnten nicht mehr sicher abgelesen werden. Spiegelapparat abgenommen, mit Anlegemaßstab weiter gemessen. Von 6 t ab wird mit Stufen von je 50 kg gearbeitet. Oberfläche wird krispelig.
5,50	1,0964	—							
5,75	1,2100	0,1136							
6,00	1,500	0,2900							
6,25	2,000	0,5000							
6,50	2,400	0,4000							
6,75	4,000	1,6000							
6,95	Bruchlast. Dehnung nach dem Bruch = 13,3 mm.								

*) Die eingeklammerten Zahlen geben das Verhältniß zwischen elastischer und bleibender Dehnung an.

24 Die Festigkeitseigenschaften des Magnesiums.

Belastung des Stabes t	Gesammt-dehnung in mm	Unterschied für je 0,25 t Zuwachs mm	Bleibende Dehnung bei Entlastung mm	Elastische Dehnung mm	Nachfließen bei Belastung und Entlastung nach Minute					Nachfließen in 0,0001 mm nach Minute					Unterschied zwischen letzter und erster Belastung zweier Belastungsstufen	Bemerkungen
					1 mm	2 mm	3 mm	4 mm	5 mm	1 mm	2 mm	3 mm	4 mm	5 mm		

Stab 2. Versuchsdauer 300 min. + 42 st. Pause. — Die Ablesungen erfolgen nach dem Einspielen der Last jede volle Minute.

0,25	0,0000															
0,50	0,0298	0,0298		*)	0,0300	0,0300				2	2	—	—	—		
0,25	0,0000	—	0,0000	0,0298						—	—	—	—	—		
0,50	0,0300	—		(∞)	0,0300					0	—	—	—	—		
0,75	0,0618	0,0318			0,0618	0,0620	0,0621			0	2	3	—	—		
1,00	0,0957	0,0339			0,0958	0,0964*)	0,0973	0,0973	0,0975	1	7	16	16	18	0,0336	*) Die Spiegel zittern, Erschütterung durch Wagen u. s. w.
0,25	0,0067	—	0,0067	0,0890	0,0067	0,0066	0,0066			— 0	— 1	— 1	—	—		
1,00	0,0973	—		(13,3)	0,0975	0,0978	**0,0987**	0,0989	0,0989	2	5	14	16	16		
1,25	0,1326	0,0353			0,1328	**0,1338**	0,1339	0,1340	0,1342	2	12	13	14	16	0,0337	
1,50	0,1692	0,0366			0,1693	0,1696	**0,1712**	0,1712	**0,1730**	1	4	**20**	20	**38**	0,0350	
0,25	0,0188	—	0,0188	0,1504	0,0186	**0,0176**	0,0176			— 2	—12	—12	—	—		
1,50	0,1727	—		(8,0)	0,1728	**0,1740**	0,1741	0,1743*)	0,1746	1	13	14	16	19		*) Die Spiegel zittern.
1,75	0,2091	0,0364			0,2106	0,2118	0,2118	**0,2129**	0,2130	18	27	**38**	39	39	0,0345	
2,00	0,2496	0,0405			**0,2511**	0,2513	0,2528	0,2529	0,2529	15	17	32	33	33	0,0366	
0,25	0,0350	—	0,0350	0,2146	0,0346	0,0332	0,0332			— 4	—18	—18	—	—		
2,00	0,2531	—		(6,1)	0,2544	0,2550	0,2551	**0,2562**	0,2564*)	13	19	20	**31**	33		*) Wagen fährt vorüber.
2,25	0,2927	0,0396			**0,2937**	**0,2951**	0,2951	**0,2959**	0,2969	**10**	24	24	**32**	42	0,0363	
2,50	0,3346	0,0419			0,3371	0,3387	0,3386	0,3396	0,3398	25	41	40	50	52	0,0377	
0,25	0,0552	—	0,0552	0,2794	0,0535	0,0533	0,0530			—17	—19	—22	—	—		
2,50	0,3390	—		(5,1)	**0,3411**	0,3429	0,3429		(48)	21	39	39	—	(48)		
2,75	0,3798	0,0408			**0,3818**	**0,3827**	**0,3843**	0,3842	**0,3855**	20	29	45	44	57	0,0360	
3,00	0,4253	0,0455			**0,4272**	**0,4299**	**0,4312**	0,4323	0,4324	**19**	**46**	59	70	71	0,0398	
0,25	0,0785	—	0,0785	0,3468	0,0770	**0,0763**	**0,0757**			—15	—22	—28	—	—		
3,00	0,4321	—		(4,4)	0,4342	0,4359	0,4374	0,4374	0,4381	21	38	53	53	60		·
3,25	0,4766	0,0445			0,4808	0,4823	0,4821	0,4837	0,4844	42	57	55	71	78	0,0385	
3,50	0,5246	0,0480			0,5277	0,5291	0,5302	0,5321	0,5321	31	45	56	75	75	0,0402	
0,25	0,1050	—	0,1050	0,4196	0,1030	0,1028	0,1022			—20	—22	—28	—	—		
3,50	0,5348	—		(4,0)	0,5374	0,5391	0,5392	0,5409	0,5422	26	43	44	61	74		
3,75	0,5829	0,0481			0,5856	0,5885	0,5892	0,5899	0,5912	27	56	63	70	83	0,0407	
4,00	0,6349	0,0520			0,6383	0,6408	0,6438	0,6452	0,6472	34	59	89	103	123	0,0437	
0,25	0,1383	—	0,1383	0,4966	0,1368	0,1359	0,1350			—15	—24	—33	—	—		Der Stab bleibt mit dieser Belastung 42 Stunden in der Maschine und wird dann weiter geprüft. Der Stab hat sich während dieser Zeit um 76 verkürzt.
4,00	0,6343	—		(3,6)	0,6381	0,6396	0,6414	0,6416	0,6435	38	53	71	73	92		
4,25	0,6843	0,0500			0,6874	0,6891	0,6905	0,6916	0,6935	31	48	62	73	92		
4,50	0,7359	0,0516		·	0,7398	0,7431	0,7451	0,7465	0,7484	39	72	92	106	125	0,0424	0,0408
0,25	0,1806	—	0,1806	0,5553	0,1785	0,1779	0,1764			21	—27	—42	—	—		
4,50	0,7517	—		(3,0)	0,7562	0,7579	0,7609	0,7612	0,7613	45	62	92	95	116		
4,75	0,8055	0,0538			0,8106	0,8157	0,8171	0,8197	0,8218	51	102	116	142	163	0,0442	
5,00	0,8696	0,0641			0,8774	0,8324	0,8880	0,8906	0,8955	78	128	184	210	259	0,0478	
0,25	0,2431	—	0,2431	0,6265	0,2402	0,2386	0,2380			—53	—76	—80	—	—		
5,00	0,9021	—		(2,6)	0,9098	0,9153	0,9182	0,9215	0,9254	91	168	246	333	392		
5,25	0,9742	0,0721			0,9836	0,9908	0,9972	1,0016	1,0071	209	377	409	568	701	0,0488	
5,50	1,0713	0,0971			1,0858	1,0996	1,1119	1,1208	—	405	860	1200	Fließen		0,0642	Durch Versehen wurde der Stab überlastet, Maßstäbe verschwunden und bei 5,5 t Spiegel neu eingestellt.
0,25	0,3794	—	0,3794	0,7019	0,3741	0,3718	0,3714			—29	—45	—51	—	—		
5,50	1,1304	—		(1,9)	1,1395	1,1472	1,1550	1,1637	1,1696	77	132	161	194	233		
5,75	1,2255	0,0951			1,2464	1,2632	1,2764	1,2923	1,3056	94	166	230	274	329		
6,00	1,3784	0,1529			1,4189	1,4644	1,4984			145	283	306	395			
6,25	1,9274	0,5490														
6,5	2,2274	0,3000														
6,75	2,9274	0,7000														
7,00	4,6274	1,7000														
7,25	9,1274	4,5000														
7,3	—	Bruchlast.														

Dehnung nach dem Bruch = 22,7 mm.

NB. Bei der Bestimmung der Fließgeschwindigkeiten mußte durch Oeffnen des Ventils häufig der Waagehebel wieder zum Einspielen gebracht werden; da hierbei jedesmal eine plötzliche Zunahme der Dehnung eintrat, so sind die betreffenden Ablesungen durch Fettdruck der Werthe gekennzeichnet. Von 3 t ab mußte vor jeder Ablesung der Hebel zum Einspielen gebracht werden, beziehentlich das Ventil geöffnet bleiben; die Werthe sind dann nicht mehr fettgedruckt.

Die Festigkeitseigenschaften des Magnesiums.

Belastung des Stabes	Gesammt- dehnung in	Unterschied für je 0,5 t bezw. 0,25 t Zuwachs	Bleibende Dehnung. bei Entlastung	Elastische Dehnung.	Bemerkungen
t	mm	mm	mm	mm	

Stab 3. Versuchsdauer 14 Minuten. — Der Versuch sollte ohne Aufenthalt möglichst schnell durchgeführt werden, deswegen wurde mit Stufen von 0,5 t gearbeitet.

0,25	0,0000				
0,5	0,0301				
1,00	0,0934	0,0633			
1,5	0,1597	0,0663			
2,0	0,2310	0,0713			
2,5	0,3058	0,0748			
3,0	0,3871	0,0813			
3,5	0,4755	0,0884			
4,0	0,5695	0,0940			
4,5	0,6732	0,1037			
5,0	0,7955	0,1223			
5,5	0,9310	0,1345			Fast Fließen.
6,0	1,0	0,0690			
6,5	1,5	0,5			
6,75	1,8				
7,0	2,2	0,7			Oberfläche wird krispelig.
7,25	3,5				Mit je 50 kg weiter belastet.
7,35	Bruch erfolgte mit lautem Knall. Dehnung nach dem Bruch = 14,0 mm.				

Stab 4. Versuchsdauer 200 Minuten. — Der Versuch sollte möglichst langsam ausgeführt werden. Das Fließen des Materiales erfolgte demgemäß von 6 t ab bei einer mittleren Kolbengeschwindigkeit von etwa 0,3 $\frac{mm}{min}$ (Mittel für 24 Minuten). Die Bestimmung der Geschwindigkeit am Schluß des Versuchs ergiebt 0,26 $\frac{mm}{min}$.

0,25	0,0000				
0,5	0,0317	0,0317			
0,75	0,0651	0,0334			
1,00	0,0976	0,0325			
1,25	0,1330	0,0354			
1,5	0,1680	0,0350			
1,75	0,2059	0,0379			
2,00	0,2439	0,0380			
2,25	0,2815	0,0376			
2,5	0,3228	0,0413			
2,75	0,3674	0,0446			
3,00	0,4098	0,0424			
3,25	0,4560	0,0462			
3,5	0,5077	0,0517			
3,75	0,5533	0,0456			
4,00	0,6063	0,0530			
4,25	0,6632	0,0569			
4,5	0,7201	0,0569			
4,75	0,7966	0,0765			
5,00	0,8661	0,0695			
5,25	0,9446	0,0785			Strecken.
5,50	1,1441	0,1995			
5,75	1,2519	0,1078			
6,00	—	—			Fließen. Maßstäbe verschwinden.
6,25	1,7				
6,4	2,0				
6,5	2,1	0,4			Oberfläche wird krispelig.
6,6	2,4				
6,7	3,2				
6,8	4,9				
6,85	6,1				
6,875	7,8				Die Belastung nimmt ab, kommt aber bei 8,9 mm wieder zum Einspielen.

26 Die Festigkeitseigenschaften des Magnesiums.

Belastung b. Stabes t	Gesammt-Dehnung mm	Unterschied je 0,25 t Zuwachs mm	Bleibende Dehnung mm	Elastische Dehnung b. Entlastung mm	\multicolumn{16}{c}{Nachfließen bei Belastung und Entlastung nach Minute}	\multicolumn{4}{c}{Nach-}
					1 mm	2 mm	3 mm	4 mm	5 mm	6 mm	7 mm	8 mm	9 mm	10 mm	11 mm	12 mm	13 mm	14 mm	15 mm	16 mm	1	2	3	4
6,850	10,7																							
6,825	11,9																							
6,800	13,0																							
6,775	14,5																							
6,750	15,0																							
6,700	17,0																							
6,650	18,5				\multicolumn{16}{l}{Bei 6,625 t zeigt sich eine Anzahl feiner schräger Querrisse.}				
6,600	Bruch. Bruchdehnung = 19,4 mm																							

Stab 5. Versuchsreihe 1.

Belastung	Gesammt-Dehnung	Unterschied	Bleibende	Elastische	1	2	3	4	5	6	7	8	9	10	11	12	13	14	15	16	1	2	3	4
0,25	0,0000																							
0,50	0,0285	0,0285			0,0288	0,0288	0,0300	0,0300	0,0300												3	3	15	15
0,25	0,0004	—	0,0004	0,0281	0,0004	0,0004															—	0	—	0
0,50	0,0269	0,0265		(70,2)																				
0,25	0,0000	—	0,0000	0,0269																				
0,50	0,0288	0,0288		∞	0,0302	0,0293	0,0293	0,0293	0,0293												14	5	5	5
0,75	0,0601	0,0313			0,0601	0,0601	0,0601	0,0602													0	0	0	1
1,00	0,0902	0,0301			0,0917	0,0917	0,0918	0,0917	0,0917												15	15	16	15
0,25	0,0036	—	0,0036	0,0866	0,0035	0,0035	0,0034	0,0033	0,0033	0,0033	0,0033										—	1	—	2	—	3
1,00	0,0908			(24,0)	0,0920	0,0920	0,0921	0,0920	0,0921	0,0921	0,0922	0,0922	0,0923								12	12	13	12
1,25	0,1234	0,0326			0,1233	0,1233	0,1236	0,1245	0,1245	0,1245	0,1250	0,1250	0,1250	0,1250	0,1250	0,1250	0,1250	0,1250	0,1250	0,1256	—	1	—	2	11
1,50	0,1560	0,0326			0,1562	0,1571	0,1571	0,1580	0,1580	0,1580	0,1580	0,1580	0,1585	0,1584	0,1584	0,1584	0,1584	0,1584	0,1584	0,1583	2	11	11	20
0,25	0,0105	—	0,0105	0,1455	0,0103	0,0098	0,0098	0,0098	0,0098	0,0098	0,0098	0,0098	0,0098	0,0097	0,0097						—	2	—	7	—	7
1,50	0,1579	—		(13,9)	0,1580	0,1588	0,1588	0,1588	0,1588	0,1596	0,1596	0,1596	0,1596	0,1600	0,1600	0,1600	0,1600	0,1600	0,1600		1	9	9	9
1,75	0,1913	0,0334			0,1918	0,1916	0,1929	0,1929	0,1927	0,1927	0,1929	0,1929	0,1929								5	3	16	16
2,00	0,2256	0,0343			0,2261	0,2261	0,2268	0,2266	0,2266	0,2279	0,2279	0,2278	0,2281	0,2279	0,2284	0,2284	0,2284	0,2294	0,2294		5	5	12	10
0,25	0,0203	—	0,0203	0,2053	0,0193	0,0189	0,0186	0,0182	0,0179	0,0178	0,017x	0,0178	0,0178								—	10	—	14	—	17	—	19
2,00	0,2276	—		(10,1)	0,2282	0,2292	0,2292	0,2299	0,2299	0,2299	0,2299										6	16	16	23
2,25	0,2627	0,0351			0,2633	0,2643	0,2643	0,2641	0,2651	0,2651	0,2651	0,2656	0,2656	0,2656							6	16	16	14
2,50	0,2997	0,0370			0,3004	0,3014	0,3013	0,3022	0,3020	0,3030	0,3030	0,3030	0,3030	0,3030	0,3030						7	17	16	25
2,75	0,3378	0,0381			(Versehen)																			
0,25	0,0363	—	0,0363	0,3015	0,0354	0,0347	0,0344	0,0339	0,0338	0,0338	0,0338	0,0338	0,0338								—	9	—	16	—	19	—	24
2,50	0,3048			(8,3)	0,3062	0,3064	0,3072	0,3081	0,3081	0,3081	0,3092	0,3088	0,3088	0,3092	0,3092	0,3092	0,3094	0,3094	0,3103	0,3103	0,3100	16	24	33
2,75	0,3410	0,0362			0,3436	0,3430	0,3440	0,3440	0,3440	0,3449	0,3447	0,3445	0,3452	0,3460	0,3460	0,3460					26	20	30	30
3,00	0,3787	0,0377			0,3813	0,3820	0,3828	0,3833	0,3833	0,3843	0,3856	0,3850	0,3850	0,3848	0,3855	0,3862	0,3869	0,3867	0,3871		26	33	41	46
0,25	0,0522	—	0,0522	0,3265	0,0505	0,0503	0,0490	0,0487	0,0485	0,0483	0,0483	0,0482	0,0482	0,0482							—	17	—	19	—	32	—	35
3,00	0,3840	—		(6,3)	0,3844	0,3867	0,3868	0,3877	0,3876	0,3887	0,3887	0,3894	0,3894	0,3896	0,3904	0,3904	0,3902	0,3912	0,3912		4	27	28	37
3,25	0,4240	0,0400			0,4256	0,4267	0,4279	0,4279	0,4286	0,4286	0,4299	0,4299	0,4297	0,4307	0,4307	0,4315	0,4315	0,4322	0,4322		16	27	39	39
3,50	0,4670	0,0430			0,4687	0,4706	0,4712	0,4714	0,4725	0,4725	0,4736	0,4736	0,4749	0,4749	0,4755	0,4755	0,4765	0,4766	0,4766		17	36	42	44
0,25	0,0751	—	0,0751	0,3919	0,0746	0,0729	0,0726	0,0706	0,0707	0,0707	0,0707	0,0705	0,0705	0,0705							—	5	—	22	—	25	—	15
3,50	0,4730	—		(5,0)	0,4773	0,4733	0,4789	0,4800	0,4800	0,4811	0,4811	0,4811	0,4822	0,4822	0,4822	0,4822	0,4934	0,4934			43	43	59	70
3,75	0,5180	0,0450			0,5188	0,5211	0,5220	0,5230	0,5241	0,5249	0,5249	0,5255	0,5271	0,5271	0,5268	0,5277	0,5273	0,5289	0,5286		8	31	40	50
4,00	0,5653	0,0473			0,5667	0,5683	0,5696	0,5701	0,5710	0,5720	0,5726	0,5737	0,5741	0,5748	0,5760	0,5765	0,5771	0,5778	0,5783		14	30	43	48
0,25	0,1060	—	0,1060	0,4593	0,1035	0,1032	0,1023	0,1018	0,1018	0,1015	0,1012	0,1010	0,1010								— 25	— 28	— 37	— 42
4,00	0,5765	—		(4,3)	0,5789	0,5809	0,5815	0,5821	0,5831	0,5840	0,5849	0,5858	0,5863	0,5869	0,5875	0,5881	0,5890	0,5890			24	44	56	66
4,25	0,6250	0,0485			0,6280	0,6294	0,6304	0,6319	0,6327	0,6339	0,6345	0,6354	0,6365	0,6375	0,6374	0,6381	0,6394	0,6402	0,6408		30	44	54	66
4,50	0,6751	0,0501			0,6779	0,6796	0,6826	0,6833	0,6854	0,6868	0,6876	0,6891	0,6903	0,6913	0,6923	0,6934	0,6948	0,6961	0,6961		28	45	75	82
0,25	0,1468	—	0,1468	0,5283	0,1462	0,1453	0,1451	0,1448	0,1444	0,1441	0,1435	0,1434	0,1434	0,1434							— 6	— 15	— 17	— 20
4,50	0,6945	—		(3,6)	0,6994	0,7021	0,7036	0,7052	0,7060	0,7075	0,7088	0,7098	0,7109	0,7112	0,7125	0,7133	0,7133	0,7146	0,7154		49	76	91	107
4,75	0,7523	0,0578			0,7573	0,7600	0,7612	0,7638	0,7651	0,7664	0,7679	0,7693	0,7711	0,7725	0,7733	0,7745	0,7750	0,7762	0,7776		50	77	89	115
5,00	0,8205	0,0682			0,8275	0,8313	0,8365	0,8376	0,8401	0,8421	0,8453	0,8473	0,8500	0,8527	0,8544	0,8563	0,8582	0,8602	0,8621	0,8639	70	108	160	171
0,25	0,2353	—	0,2353	0,5852	0,2337	0,2328	0,2311	0,2306	0,2302	0,2294	0,2292	0,2287	0,2282	0,2280							— 16	— 25	— 42	— 47
5,00	0,8655	—		(2,5)	0,8690	0,8725	0,8751	0,8779	0,8800	0,8813	0,8840	0,8853	0,8871	0,8887	0,8901	0,8917	0,8936	0,8953	0,8967		35	70	99	124
5,25	0,9425	0,0770			0,9470	0,9520	0,9568	0,9612	0,9631	0,9670	0,9711	0,9737	0,9772	0,9798	0,9846	0,9872	0,9889	0,9921	0,9967	0,9989	45	95	143	187
5,25	0,6800	Nulleinstellung*)																						
5,50	0,7262	0,0462			—	0,7355	—	0,7433	—	0,7582	—	0,7760	0,7757	—	0,7866	—	0,7971	—	0,8086			93	—	171
																17	18	19	20					
																—	0,8174	—	0,8227					

Die Festigkeitseigenschaften des Magnesiums. 27

fließen in 0,0001 mm nach Minute												Unterschied der Nachwirkungen für min. n bis n+1																Bemerkungen.
5	6	7	8	9	10	11	12	13	14	15	16	1	2	3	4	5	6	7	8	9	10	11	12	13	14	15	16
15												3	0	12	0	0												Die Ablesungen erfolgen nach dem Einspielen der Last jede volle Minute.
												14	−9	0	0	0												Versuchsdauer bis zur ersten Unterbrechung 10 Stunden.
5												0	0	0	1													NB. Bei Bestimmung der Fließgeschwindigkeiten mußte durch Oeffnen des Ventils häufig der Waagehebel wieder zum Einspielen gebracht werden; da hierbei jedesmal eine plötzliche Zunahme der Dehnung eintrat, so sind die betreffenden Ablesungen durch fetten Druck der Werthe der letzten Gruppe gekennzeichnet.
15												15	0	1	−1	0												
−3	−3	−3										−1	0	−1	0	0	0											
13	13	14	14	15								12	0	−1	−1	1	0	1	0	1								
11	11	16	16	16	16	16	16	16	16	16	22	−1	0	3	9	0	0	5	0	0	0	0	0	0	0	0	6	
20	20	20	20	25	24	24	24	24	24	23		2	9	0	9	0	0	0	0	5	−1	0	0	0	0	−1		
−7	−7	−7	−7	−8	−8							−2	−5	0	0	0	0	0	−1	0								
9	17	17	17	21	21	21	21	21	21			1	8	0	0	0	8	0	0	4	0	0	0	0	0			
14	14	16	16	16								5	−2	13	0	−2	0	+2	0	0								
23	23	22	22	25	23	28	28	28	38	38		5	0	7	−2	13	0	−1	0	+3	−2	5	0	0	10	0		
−24	−25	−25	−25	−25								−10	−4	−3	−4	−3	−1	0	0									
23	23	23										6	10	7	0	0												
24	24	24	29	29	29							6	10	0	−2	10	0	0	5	0	0							
23	33	33	33	33	33							7	10	−1	9	−2	10	0	0	0	0							
−25	−25	−25	−25									−9	−7	−3	−5	−1	0	0	0									Durch Versehen wurde statt zu entlasten mit 2,75 t belastet.
33	33	44	40	40	44	44	44	46	46	55	55 52	14	2	8	9	0	0	11	−4	0	4	0	0	2	0	9	0 −3	
30	39	37	35	42	50	50	50					26	−6	10	0	0	9	−2	−2	7	8	0	0					
46	56	59	63	63	71	68	75	82	80	84		26	7	8	5	0	10	3	4	0	8	−3	7	7	−2	4		
−37	−39	−39	−40	−40	−40							−17	−2	−13	−3	−2	−2	0	−1	0								
36	47	47	54	54	56	64	64	62	72	72		4	23	1	9	−1	11	0	7	0	2	0	−2	10	0		
46	46	59	59	67	67	75	75	82	82			16	11	12	0	7	0	13	0	−2	10	0	8	0	7	0		
55	55	66	66	79	79	85	85	85	86	86		17	19	6	2	11	0	11	0	13	0	6	0	10	0	1	0	
−44	−44	−44	−46	−46	−46							−5	−17	−3	−5	−20	+1	0	0	−2								
70	81	81	81	92	92	92	92	92	104	104		43	16	11	−0	11	0	0	11	0	0	0	12	0				
61	69	69	75	91	91	88	97	93	109	106		8	23	9	10	11	8	0	6	16	0	−3	9	−4	16	−3		
57	67	73	84	88	95	107	112	124	125	130		14	16	13	5	9	10	6	11	4	7	12	5	6	7	5		
−42	−45	−48	−50	−50								−25	−3	−9	−5	0	−3	−3	−2	0								
75	84	84	93	98	104	110	120	116	125	125		24	20	12	10	0	9	9	9	5	6	6	10	−4	9	0		
77	89	95	104	115	125	124	131	144	152	158		30	14	10	15	8	12	6	9	11	10	−1	7	13	8	6		
103	117	125	140	152	162	172	183	197	210	210		28	17	30	7	21	14	8	15	12	10	10	11	14	13	0		
−24	−27	−33	−34	−34	−34							−6	−9	−2	−3	−4	−3	−6	−1	0	0							
115	130	143	153	164	167	180	188	188	201	209		49	27	15	16	8	15	13	10	11	3	13	8	0	13	8		
128	141	156	170	188	202	210	222	227	239	253		50	27	12	26	13	14	18	8	12	5	12	14					
199	216	248	268	295	322	339	358	377	397	416	434	70	38	52	11	28	17	32	20	27	17	19	19	20	19	18		
−51	−59	−61	−66	−71	−73							−16	−9	−17	−5	−4	−8	−2	−5	−5	−2								Das Ventil bleibt etwas geöffnet und wird so eingestellt, daß der Zeiger stets einspielt.
145	158	178	198	216	232	246	262	281	298	312		35	35	29	25	21	13	20	20	18	16	14	16	19	17	14	14	
206	245	286	312	347	373	421	447	464	496	542	564	45	50	48	44	19	39	41	26	35	48	26	17	32	46	22		
−	320	−	538	−	535	−	604	−	709	−	824	93	−	78	−	149	−	178	−	−3	−	109	−	105	−	115		*) Der Spiegel wird neu eingestellt; inzwischen ist aber die Fließbewegung weiter gegangen, sodaß die Dehnungsmessung nicht mehr an das vorauſgehende anschließt; es wurde vielmehr nur Werth auf die Bestimmung der Fließgeschwindigkeit derfolgenden Stufe gelegt. Das Fließen ging aber so schnell, daß nur alle 2 Mtn. abgelesen werden konnte.
								17	18	19	20																	
								−	912	−	965														88	−	53	

Stab 5. Fortsetzung.

Belastung in t	Versuchsreihe nach n Tagen Ruhepause.				Dehnungen innerhalb der einzelnen Versuchsreihen							Bemerkungen
					Gesammtdehnungen				Unterschiede in 0,0001 mm			
	2 n=8	3 n=2	4 n=4	5 n=9	2	3	4	5	2−3	2−4	2−5	
	mm	mm	mm	mm	mm	mm	mm	mm				
0,25	0,3788	0,4013	0,4257	0,4430	0,0000	0,0000	0,0000	0,0000	—	—	—	
0,50	4095	4328	4566	4740	0307	0315	0309	0310	*) − 8	− 2	− 3	
0,75	4403	4625	4876	5061	0615	0612	0619	0631	+ 3	− 4	− 16	
1,00	4725	4951	5194	5382	0937	0938	0937	0952	− 1	± 0	− 15	
1,25	5039	5272	5510	5703	1251	1259	1253	1273	− 8	− 2	− 22	
1,50	5357	5595	5838	6028	1569	1582	1581	1598	*) − 13	− 12	− 29	
1,75	5680	5916	6156	6361	1892	1903	1899	1931	− 11	− 7	− 39	
2,00	6014	6243	6480	6700	2226	2230	2223	2270	− 4	+ 3	− 44	
2,25	6352	6575	6816	7037	2564	2562	2559	2607	+ 2	+ 5	− 43	
2,50	6681	6915	7160	7389	2893	2902	2903	2959	− 9	− 10	− 66	
2,75	7026	7253	7488	7741	3238	3240	3231	3311	− 2	+ 7	− 73	
3,00	7378	7617	7841	8112	3590	3604	3584	3682	− 14	+ 6	− 92	
3,25	7730	7983	8205	8476	3942	3970	3948	4046	− 28	− 6	− 104	
3,50	8096	8346	8572	8849	4308	4333	4315	4419	− 25	− 7	− 111	
3,75	8377	8715	8934	9228	4689	4702	4677	4798	− 13	+ 12	− 109	
4,00	8856	9091	9318	9618	5068	5078	5061	5188	− 10	+ 7	− 120	
4,25	9248	9478	9704	1,0025	5460	5465	5447	5595	− 5	+ 13	− 135	
4,50	9658	9889	1,0100	0441	5870	5876	5843	6011	− 6	+ 27	− 141	
4,75	1,0107	1,0329	0537	0883	6319	6316	6280	6453	+ 3	+ 39	− 134	
5,00	0547	0744	0965	1328	6759	6731	6708	6898	+ 28	+ 51	− 139	
5,25	1009	1197	1403	1806	7221	7185	7146	7376	+ 36	+ 75	− 155	
5,50	1534	1690	1903	2331	7748	7677	7646	7901	+ 71	+ 1	− 153	
5,75				2934								
6,00				3750								
6,25				Fließen 1,9 *)								
6,00				2,1								
6,25				2,2								
6,50				2,6								
6,75				5,1								
7,00				9,2								
7,10												Bruch. Bruchdehnung = 16,4 mm.
7,15												
7,075				—								

*) Stab wird herausgenommen, nachgemessen und am folgenden Tage nach 19 Stunden Ruhe weiter geprüft. Kolbengeschwindigkeit etwa 0,7 $\frac{mm}{min}$.

Die Zahlenwerthe aus Tabelle 8 sind für die Verzeichnung der Schaulinien auf Tafel II benutzt worden.

Die allgemeine Form der Zerreißungs-Schaulinien geht aus den fünf Linien der Gruppe L Fig. 5 hervor. In derselben sind die einzelnen Linien mit den Versuchsnummern bezeichnet, und man erkennt unschwer, daß die Uebereinstimmung der Versuche eine befriedigende zu nennen ist, wenn man bedenkt, daß die Versuchsbedingungen so sehr von einander verschieden gewesen sind. Auf die vorhandenen Abweichungen und deren Ursachen wird man später zurückkommen müssen. In Fig. 3 ist das vollständige Schaubild für den ersten Theil des Versuches 2 in sehr großem Maßstabe gegeben, während in Fig. 2 die Bilder der Versuche 1 bis 5 in gleichem Maßstabe über einander gezeichnet sind, um dem Leser den unmittelbaren Vergleich zu gestatten; auch hier geben die an die Enden der Linienzüge geschriebenen Zahlen die Versuchsnummer. Fig. 1 giebt im Linienzuge A die Schaulinie für den Versuch 5 in größerem Maßstabe. In den Fig. 6 bis 10 endlich sind die Gesetze der Fließvorgänge zur Darstellung gebracht, wie sie später zu besprechen sein werden.

Die allgemeinen Vorgänge während des Zerreißversuches mit Magnesium lassen sich am besten aus Fig. 2 erkennen. In Gruppe D zeigt die sofortige stete Krümmung, daß auch beim Zerreißversuch von dem Bestehen einer Proportionalitätsgrenze nicht die Rede sein kann, was auch aus dem Verlauf der Liniengruppe G unzweifelhaft zu ersehen ist, welche die Dehnungsunterschiede für je 250 kg Belastungszuwachs darstellt und von Anfang an gegen die Nullinie geneigt ist. Wie man sieht, würde man den ersten Theil der Linienzüge in Gruppe G füglich durch eine gerade Linie ersetzen können, demgemäß dürfte der Verlauf der Zerreißungsschaulinie für Magnesium in dem vorliegenden Zustande bis zu etwa 4 t Belastung, d. i. bis zu einer Spannung von $12{,}7\,\frac{\text{kg}}{\text{qmm}}$ im Allgemeinen ein parabolischer sein. Die Streckgrenze für Zugbeanspruchung kann man nach dem Ausfall der Schaulinien in Gruppe L Fig. 5, noch besser aber nach demjenigen der Dehnungsunterschiede Gruppe G Fig. 2 auf 5,5 bis 6,0 t Belastung oder 17,5 bis $19{,}1\,\frac{\text{kg}}{\text{qmm}}$ Spannung und eine Dehnung von etwa 1 bis 1,4 mm, d. i. etwa 0,7 bis 0,9 % festlegen. Auch hier ist ausdrücklich hervorzuheben, daß eine genauere Bestimmung kaum möglich und auch von keinem praktischen Werthe sein dürfte, zumal die in der Regel zu Gebote stehenden Bestimmungshülfsmittel je nach ihrer Art von den vorstehenden mehr oder weniger abweichende Werthe ergeben können, wie dies aus einem Vergleich der in Tabelle 10 gegebenen mittleren Lage der Streckgrenze sofort erhellt. Tabelle 10 enthält die in das amtliche Attest aufgenommenen Zahlenwerthe und verzeichnet die mittlere Streckgrenze mit $19{,}0\,\frac{\text{kg}}{\text{qmm}}$. Auf die Bestimmung der Streckgrenze überhaupt und für Magnesium im Besonderen muß übrigens später nochmals zurückgegriffen werden.

In Fig. 2 giebt die Liniengruppe E die elastische und Gruppe F die bleibende Verlängerung für die jeweiligen Belastungen an, während H das Verhältniß beider darstellt. Das Letztere ist bei geringen Belastungen sehr groß, weil die bleibende Verlängerung, wenn sie auch beim Magnesium von Anfang an eintritt, sehr gering ist. Das Verhältniß nimmt aber sehr schnell ab, so daß es bei 1 t Belastung schon auf etwa 15 bis 30 herabgesunken ist und sich von hier aus etwas langsamer der Nullinie nähert, wobei es schließlich kleiner als 1 werden muß, weil die bleibende Dehnung alsdann die elastische überwiegt. In dem Schaubilde konnte dieser Umstand nicht zum Ausdruck kommen, weil die Entlastungen nicht bis in diesen Theil desselben fortgesetzt wurden. Man wird sich aber die Liniengruppen E und F leicht bis zu ihrem Schnittpunkt fortgesetzt denken können und so finden, daß derselbe bei etwa 6 t Belastung oder $19{,}1\,\frac{\text{kg}}{\text{qmm}}$ Spannung liegen dürfte. Hieraus würde hervorgehen, daß nahezu mit Erreichung der Streckgrenze elastische und bleibende Dehnung einander gleich werden.

Wendet man sich nunmehr der Betrachtung von Fig. 3 zu, so wird zu bemerken sein, daß die gebrochene Linie i der Gruppe J (die Schaulinie für Versuch 2) mit den feinpunktirten und ausgezogenen schrägen Linien ein Bild von den unter den einzelnen Belastungen (und Entlastungen) erzeugten Längenänderungen ergiebt. Die Länge der dick ausgezogenen Strecken zeigt stets die durch die jeweilige Belastung innerhalb der ersten fünf Minuten erzielte Verlängerung, beziehentlich die innerhalb der ersten drei Minuten nach der Entlastung erfolgte Verkürzung an. Man erkennt ohne Umschweif, daß diese Strecken mit wachsender Belastung länger werden, d. h. also, die Geschwindigkeit der Dehnung, die „Fließgeschwindigkeit" wächst mit wachsender Belastung. Aehnliches gilt auch von den Verkürzungen nach erfolgter Entlastung, auch hier wächst in diesem Falle die „Fließgeschwindigkeit" (die Geschwindigkeit der Verkürzung) mit der Größe der unmittelbar voraufgehenden Belastung.

Am meisten auffallend bei diesen Vorgängen dürfte der Umstand sein, daß die Verkürzungen nach geschehener Entlastung beim Magnesium in so erheblichem Grade auftreten und so ausgesprochene Abhängigkeit von der Größe der voraufgegangenen Belastung zeigen. Man wird unschwer bemerken, daß man es mit den im geringeren Grade auch bei anderen Materialien bereits nachgewiesenen sogenannten „Nachwirkungserscheinungen" zu thun hat und erkennen, daß diese Nachwirkungen auch bei den Streckungen unter einer bestimmten ständigen Belastung, dem „Nachfließen", eine Rolle spielen müssen. Unzweifelhaft dürften diese Vorgänge die Aufmerksamkeit des Lesers in hohem Grade in Anspruch nehmen, und es soll deswegen versucht werden, die Gesetzmäßigkeit möglichst klar zum Ausdruck zu bringen.

Die Nachwirkungserscheinungen nach erfolgter Entlastung sind aus den Versuchsergebnissen und dem Schaubilde Fig. 3 ohne Weiteres in die Augen springend; sie treten ungetrübt durch die begleitenden Umstände als Wirkung zu Tage, nachdem die erzeugende Ursache die Aenderung der äußeren Kraft bereits aufgehört hat zu sein, der Körper verkürzt sich noch minuten-, stunden-, tage-, ja wahrscheinlich sogar wochenlang, obwohl eine äußere Kraft nicht mehr auf ihn einwirkt. Es erhellt dies zunächst aus der Tabelle 8 Versuch 2, woselbst für die Entlastung von 4 t auf 0,25 t bei einer 42 stündigen Ruhepause eine erhebliche Verkürzung eingetreten ist. Der Stab war während dieser Pause in der Maschine verblieben und die eingetretene Verkürzung hatte eine Vermehrung der Anspannung erzeugt, welche bei Wiederbeginn des Versuches dadurch erwiesen werden konnte, daß sich der Stab noch um 0,0076 mm elastisch zusammenzog, als die Belastung durch Oeffnen des Ablaßventils wieder auf 0,25 t zurückgeführt wurde. Eine Anspannung infolge etwaiger Undichtigkeit des Zuströmungsventils ist ausgeschlossen, weil der zwischenliegende Tag ein Sonntag war, also auch der Druckerzeuger außer Thätigkeit sich befand. Auch bei Stab 5 ergab sich bei den weiter oben bereits besprochenen Nachmessungen auf der Theilmaschine selbst nach mehrtägigen Ruhepausen stets eine erhebliche Nachwirkungsverkürzung, wie aus der letzten Spalte der folgenden Zusammenstellung, Tabelle 9 (S. 31) ersichtlich ist.

Auch die Versuchsreihe 1 zum Stab 5 läßt die Nachwirkungsverkürzung erkennen; sie tritt hier noch viel deutlicher hervor als bei Stab 2, weil die Zahl der Einzelbeobachtungen bei den Entlastungen eine viel größere ist. Um aber dem Leser das Gesetz des Verlaufes dieser Nachwirkungsverkürzungen noch besser vor Augen zu führen, sind die Schaulinien in Figur 4 und 9 eingetragen. Die mit 1, 2 und 3 Minuten bezeichneten Linien der Gruppe K (links von der Nullinie) stellen für den Stab 2 das Gesetz der Zunahme der Nachwirkungsverkürzung mit der Höhe der voraufgehenden Belastung dar, und zwar ist ein Theilstrich des Längenmaßstabes = 0,0100 mm. Gruppe Q Fig. 9 giebt das gleiche Gesetz für die Nachwirkungsverkürzung des Stabes 5 an, nur ist die Darstellung hier wegen der besseren Anordnung der Tafel um 90° gegen Figur 4 verdreht, sodaß die Längenmaße von oben nach unten, die Belastungen aber von links nach rechts zählen. Wenn man von dem Knick absieht, den zufällig beide Liniengruppen bei den Maßstabpunkten 5 beziehentlich 4,5 t zeigen, so wird man bemerken, daß die Größe der Nachwirkungsverkürzung in beiden Fällen ganz ausgesprochen gesetzmäßig mit der Größe der der Entlastung voraufgegangenen Belastung wächst, und zwar darf man den Linien wohl eine ganz schwache Krümmung zuschreiben, deren Hohlseite gegen die Nullinie gekehrt ist. Aus diesem Umstande würde sich sodann ergeben, daß die Nachwirkungsverkürzung langsamer wächst als die vorangängige Belastung. Die beiden Knicke in den Liniengruppen dürften keinen wesentlichen Einfluß auf diese Schlußfolgerung üben, weil sie sehr wahrscheinlich dadurch entstanden sind, daß es dem Beobachter nicht gelungen ist, die betreffenden Ent-

Die Festigkeitseigenschaften des Magnesiums.

Tabelle 9.
Verkürzungen des Zugversuchsstabes Nr. 5 während der mehrtägigen Ruhepausen.

Der Stab wurde auf der Theilmaschine bei Zimmerwärme mikrometrisch mit den Theilstrichen 24 u. 9 cm des Messing-Normalstabes verglichen. 1 R = 0,1234 mm.

Ruhepause von	Messung vor dem Versuch		Messung gleich nach dem Versuch		Verlängerung während des Versuches mm	Verkürzung während der Ruhepausen mm
	150 + R	mm	150 + R	mm		
0 Tagen	3,00		3,51			
	12		46			
	07		48			
	02		38			
	04		39			
	04		47			
	18		25			
	04		30			
	12		29			
	09		41			
Summe	30,72		33,94			
Mittel	3,07	150,379	3,39	150,418	0,039	
2 Tagen	3,24		3,67			
	20		56			
	23		62			
	31		64			
	29		64			
	30		38			
	34		38			
	41		36			
	13		42			
	11		39			
Summe	32,56		35,06			
Mittel	3,26	150,401	3,51	150,433	0,032	0,017
4 Tagen	3,30		3,77			
	37		60			
	39		78			
	60		69			
	48		60			
	39		74			
	36		71			
	58		76			
	53		75			
	49		58			
Summe	34,49		36,98			
Mittel	3,45	150,426	3,70	150,457	0,031	0,007
9 Tagen	3,82		4,61			
	44		93			
	67		71			
	49		76			
	64		5,05			
	53		4,95			
	72		83			
	65		94			
	53		80			
	44		69			
Summe	35,93		48,27			
Mittel	3,59	150,443	4,83	150,596	0,153	0,014
19 Stunden	4,79					
	94					
	62					
	62					
	79					
	79					
	90					
	86					
	73					
	67					
Summe	47,71					
Mittel	4,77	150,589				0,007

lastungen mit der gleichen Regelmäßigkeit vorzunehmen, die er im Allgemeinen inne zu halten bemüht war. Da stets mit dem Glockenschlage der vollen Minute abgelesen wurde, so wird man für die erste Ablesung nach einer Entlastung unter sonst gleichen Umständen immer etwas verschiedene Werthe erhalten haben müssen, wenn die Waage kürzere oder längere Zeit vor dem Minutenschlage zum Einspielen kam. Dieser Umstand muß dann natürlich einen solchen Knick aller Linienzüge veranlassen, wie ihn die beiden Gruppen K und Q zeigen. Eine andere Fehlerquelle, welche ebenfalls den Linienlauf beeinflußt, wird später noch zu besprechen sein.

Wesentlich verwickelter und schwieriger zu verfolgen sind die Nachwirkungserscheinungen, welche während der Belastung des Stabes auftreten. Sie äußern sich hier bekanntermaßen darin, daß ein nicht ganz vollkommen elastischer Körper nicht sofort die ihm der erhaltenen Belastung nach zukommende Dehnung annimmt, sondern hierzu eine mehr oder minder lange Zeit braucht. Daß man bei den Nachwirkungserscheinungen nicht immer, wie dies in der Regel zu geschehen pflegt, nur von elastischen Nachwirkungen reden kann, scheint aus dem Verhalten des Magnesiums hervorzugehen, und es wird deswegen im Nachfolgenden wie im Voraufgehenden vermieden werden, von den „elastischen Nachwirkungen" im Besonderen zu sprechen. Man dürfte erkennen, daß diese Erscheinungen in dem zu erläuternden Gebahren des Magnesiums enthalten sind, aber auch finden, daß die elastische Nachwirkung und die Erscheinungen des „Nachfließens", wenn sie sich auch keineswegs decken, doch kaum auseinander zu halten sind. Das Wort „Nachfließen" soll im Folgenden benutzt werden, wenn man von dem Fließen unter einer gleichbleibenden Belastung spricht, während durch das Wort „Fließen" ganz allgemein der Formänderungsvorgang bezeichnet werden soll, sobald mit demselben eine bleibende Formänderung verbunden ist. Es dürfte zur Vermeidung von Mißverständnissen noch hinzuzufügen sein, daß es sonst wohl allgemein üblich ist, zu sagen, „das Material fließt", sobald es die „Streckgrenze" überschritten hat. Die Streckgrenze ist aber, wie bereits früher gesagt, überhaupt kein ganz fester Begriff, und beim Magnesium kann man sie, je nach den zu Grunde liegenden Anschauungen, auf eine sehr geringe Belastungsstufe verlegen, oder, wie es weiter oben geschehen, auf etwa 6 t oder 19 $\frac{kg}{qmm}$ Spannung bestimmen.

Man erkennt den Einfluß der Nachwirkungserscheinungen während der Wiederbelastung am besten aus folgenden Umständen. In Liniengruppe J Fig. 3 findet man unterhalb der das Nachfließen bezeichnenden stark ausgezogenen Strecke bei jeder halben Tonne ein ⌞⌟-förmiges Zeichen, dessen Länge den Betrag des Nachfließens während der ersten fünf Minuten nach erfolgter Wiederbelastung angiebt. Wenn man die gegenseitige Lage je zweier zusammengehöriger solcher Strecken, der ausgezogenen der darunter befindlichen ⌞⌟-förmigen vergleicht, so erkennt man, daß bis zu etwa 5 t Belastung der Anfang des unteren Zeichens gegen das Ende des oberen zurückzustehen pflegt, d. h. bei erfolgender Wiederbelastung ist die erreichte Gesammtdehnung eine geringere, als sie bei der gleichen Last vor der Entlastung gewesen ist. Man erkennt jedoch auf gleiche Weise, daß die unmittelbar beim Einspielen erreichte Gesammtdehnung und ebenso die am Ende der ersten 5 Minuten nach dem Einspielen erreichte Gesammtdehnung bei dem Wiederbelasten in der Regel größer ist als bei der gleichen Last vor der Entlastung. Hiervon macht die Wiederbelastung bei 4 t eine Ausnahme, weil das Nachfließen nach der Wiederbelastung hier einen wesentlich geringeren Betrag zeigt, als vor der Entlastung. Wie man sich erinnern wird, hat vor der Wiederbelastung eine 42 stündige Ruhepause stattgefunden, während welcher der Stab dem Zurückfließen mehr unterlegen ist, als während der sonst zugelassenen Pausen von drei Minuten. Er hat, um mit Bauschinger zu reden, seinen Zustand mehr verändern können, als in jenen drei Minuten.*) Man erkennt namentlich an dem letzten Falle, wie der Einfluß der Nachwirkungsverkürzung sich selbst durch den folgenden Zustand entgegengesetzten Fließens des Materiales hindurch wahrnehmen läßt. Mehr noch aber wird sich diese Ueberzeugung befestigen, wenn man Folgendes beachtet: In Fig. 1 geben die beiden Linienzüge B die Dehnungsunterschiede für je 0,25 t Belastungszuwachs an. Es wird die große Uebereinstimmung auffallen, mit welcher sich die einzelnen Zacken in beiden Linien wiederholen. Durch die eingezeichneten Kreise sind jedesmal diejenigen Dehnungsunterschiede bezeichnet, welche während der der Entlastung voraufgehenden Belastungsstufe erzielt wurden. Mit Berücksichtigung des allgemeinen Strebens des Anwachsens mit steigender Belastung findet man, daß die Dehnungsunterschiede der ersten Belastungsstufe nach der voraufgehenden Entlastung gegen diejenigen der Belastungsstufe vor der Entlastung zurückbleiben. Das Material verharrt gewissermaßen in dem rückläufigen Bewegungszustand, den es bei der Entlastung angenommen hat, auch dann noch, wenn es bereits eine beträchtliche Bewegung im entgegengesetzten Sinne wieder durchgemacht hat. Bildlich hat man sich diese beiden entgegengesetzten Wirkungen gleichzeitig und durcheinander verlaufend zu denken; dem Betrage nach wiegt die Bewegung im Sinne des letzten Anstoßes vor, während diejenige im andern Sinne beträchtlich gedämpft ist und sich allmählich verliert. Ganz dieselbe Betrachtungsweise wird für die Entlastung gelten; auch hier wird die vorher bereits eingeleitet gewesene Bewegung im widerstrebenden Sinne nachwirken, aber an Energie allmählich verlieren. Denkt man sich die Be- und Entlastungen schnell einander folgend, so wird man begreifen, daß diese Vorgänge sehr wohl in zweiter und dritter Ordnung sich wiederholen können, so daß also der vorletzte, zweitletzte, drittletzte u. s. w. Bewegungszustand noch seine Nachwirkungen auf den voraufgehenden äußern können, wenn auch jeweils in einem erheblich schwächeren Maße. Diese Vorstellungsweise läßt auch erkennen, welchen wissenschaftlichen Werth Dauerversuche mit Magnesium unzweifelhaft haben müssen. Sie ist keineswegs zurückzuweisen, da ähnliche Vorgänge bei Torsionsschwingungen an belasteten Drähten in der That bereits beobachtet sind.**) Die Aluminium- und Magnesium-Fabrik in

---

*) Da übrigens die hier für das Magnesium festgestellten Erscheinungen sich eng an die von Bauschinger mit anderen Materialien erhaltenen Ergebnisse anschließen, so sei der interessenehmende Leser auf die höchst werthvollen Arbeiten Bauschinger's über: „Die Veränderungen der Elasticitätsgrenze und des Elasticitätsmoduls verschiedener Metalle", „Civilingenieur" 1881 S. 289, verwiesen.

**) E. Warburg, Verhandlg. d. natf. Ges. zu Freiburg i. B., Bd. VII S. 444 u. f., sagt, indem er zugleich über die Ergebnisse anderer Forscher berichtet:

„Beim Kupfer zeigte sich die Schwingungsdauer abhängig von der seit einer Spannungsänderung verflossenen Zeit, und zwar mit wachsender Zeit abnehmend, mochte die Spannungsänderung in einer Zu- oder Abnahme der Spannung bestehen. Dasselbe haben Pisati und P. M. Schmidt für die Dämpfungsconstanten bei verschiedenen Metallen gezeigt." — „Wenn man einen Draht (Kupfer), dem eine gewisse permanente Torsion ertheilt worden ist, belastet, so entzieht man ihm dadurch, wie Wiedemann gezeigt hat, dauernd einen Theil seiner permanenten Torsion; bei einer folgenden Entlastung bleibt nämlich die verkleinerte Torsion bestehen oder verringert sich noch mehr. Wiederholte Belastung und Entlastung wirkt in demselben Sinne mit abnehmender Intensität und schließlich gelangt der Draht in einen Zustand, in welchem eine dauernde Aenderung der permanenten Torsion durch Belastung und Entlastung nicht mehr eintritt." — Die hier anschließenden Bemerkungen Warburg's zeigen noch weiter, wie schließlich auch unter abgeänderten Versuchsverhältnissen ein Beharrungszustand des Materiales erreicht wurde.

Aehnliche Versuche anderer Forscher haben ergeben, daß die Schwingungsnullage bei Torsionsschwingungen von Drähten nach der Richtung des ersten Anstoßes sich verschiebt, daß sie beim Anstoß in entgegengesetzter Richtung sich im gleichen Sinne zurück bewegt, sowie daß der Sinn der voraufgehenden Antriebe sich als von Einfluß auf die Größe der folgenden erweist.

Bremen hat sich übrigens schon bereit erklärt, das nöthige Material zur Verfügung zu stellen, so daß zweckentsprechende Dauerversuche eingeleitet werden können, sobald die Maschinen hierfür frei sind. Diese Versuche müßten hauptsächlich die immerhin noch offene Frage zu lösen suchen, ob man nicht trotz der Eigenthümlichkeit des Magnesiums, bei den Festigkeitsversuchen von Anfang an bleibende Formänderungen zu zeigen, es doch mit einem Körper zu thun hat, der sich als wesentlich vollkommener elastisch erweisen würde, wenn man den Versuch sehr langsam ausführen könnte, der also unter diesen Umständen eine bleibende Formänderung bei geringeren Belastungen nicht zeigt, wenn man ihm Zeit läßt, die Nachwirkungserscheinungen jedesmal so lange zu vollziehen, bis die Bewegung gleich Null geworden ist. Würde man einen Körper mit den eben geschilderten Eigenschaften innerhalb der Grenzen seiner solchergestalt vollkommenen Elasticität einem Dauerversuch unterziehen, so ist zu vermuthen, daß er hierbei eine sehr große Zahl von Beanspruchungen wird ertragen können.

Durch die vorstehenden Erörterungen wird übrigens die Untersuchung der wissenschaftlich wichtigen Frage nahe gelegt, wie sich der Fließvorgang, speciell der Verlauf der Fließgeschwindigkeit, beim Magnesium unter wachsenden Belastungen gestaltet. Bezüglich der Nachwirkungsverkürzungen ist diese Frage zum Theil schon besprochen. Für den Versuch 2 ist in Fig. 4 Gruppe K rechts von der Nulllinie das Gesetz der Zunahme der Fließgeschwindigkeit mit wachsender Belastung durch die mit 1 bis 5 Minuten bezeichneten Linien gegeben. Die Abstände dieser Linien von der Nulllinie geben die Beträge, um welche sich der Stab bei den verschiedenen Belastungen während der ersten bis fünften Minute nach dem Einspielen der Last verlängert. Ganz ähnlich, nur um 90° verdreht, zeigt Fig. 10 die gleichen Vorgänge für den Versuch 5 innerhalb der ersten 15 Minuten nach der Belastung. Aus beiden Liniengruppen erkennt man ohne Weiteres, daß der allgemeine Verlauf der Linien bis zu einer Belastung von etwa 4,5 t gleich $13,3 \frac{\text{kg}}{\text{qmm}}$ durch eine schwach gekrümmte Linie wiedergegeben werden kann, deren Bug der Nulllinie zugekehrt ist. Nach Ueberschreitung dieser Grenze nimmt die Krümmung der Linien, im gleichen Sinne also auch die Fließgeschwindigkeit sehr schnell zu. Würde man die Lage der Streckgrenze nach diesem Verhalten festlegen wollen, was an sich, wenn auch oft praktisch schwierig, so doch nicht unzulässig sein dürfte, so würde man sie schon bei $13,3 \frac{\text{kg}}{\text{qmm}}$, also wesentlich niedriger finden, als sie weiter oben nach anderen Gesichtspunkten festgestellt worden ist. Zugleich würde aber alsdann zu ihrer Ermittelung unbedingt die Anwendung von Feinmeßinstrumenten nothwendig werden, denn der Dehnungsunterschied an der Streckgrenze würde in diesem Falle nur etwa 0,003 mm in der ersten Minute betragen.

Das Gesetz der Fließgeschwindigkeiten kann aber auch noch in anderer Weise dargestellt werden, wie es z. B. für den Versuch 5 in Fig. 8 geschehen ist. Hier sind die seit dem Einspielen der Last erreichten Nachfließdehnungen als Ordinaten, die zugehörigen Zeitminuten als Abscissen aufgetragen; an die Enden der so erhaltenen Linienzüge in Gruppe O sind die Belastungen in Tonnen geschrieben, welchen sie entsprechen. Gruppe P giebt in gleicher Weise die Linien, welche den Nachwirkungsverkürzungen entsprechen. Aus dem Verlauf der Linien erkennt man, daß dieselben im Allgemeinen sich durch eine Schaar von einfach gekrümmten Linien ersetzen lassen, welche vom Strahlungspunkt Null ausgehend ihre Hohlseiten der Nulllinie für die Ordinaten zukehren. Es würde aber schwer sein, weitere Schlüsse zu ziehen, weil die Linien noch zu viel Unregelmäßigkeiten zeigen. Um sich also über den Verlauf eine größere Klarheit zu verschaffen, wird man versuchen müssen, aus den für die einzelnen Zeitminuten gefundenen Längenänderungen innerhalb der einzelnen Zeitabschnitte, also aus den Dehnungsgeschwindigkeiten, die Eigenschaften der Linien abzuleiten. Dies ist an einzelnen Beobachtungsreihen in Fig. 6 geschehen; dieselben entsprechen den bei der am Kopf der Ausgleichslinien verzeichneten Belastung gewonnenen Ablesungen des Versuches 5, also den in Fig. 8 Gruppe O gegebenen Linienzügen. Die Linien der Gruppe M zeigen allerdings ganz erhebliche Schwankungen, aber dennoch ist es möglich, für die einzelnen Züge Ausgleichslinien zu verzeichnen, welche wenigstens angenähert das in den einzelnen Zügen steckende Beschleunigungs=Gesetz zum Ausdruck bringen. Man findet, daß alle diese Ausgleichslinien sich in einfacher Krümmung der Nullinie nähern, wobei sie derselben den Bug zukehren. Demgemäß hat innerhalb der Grenzen des Versuches durchweg eine Verzögerung (negative Beschleunigung) stattgefunden. Die den höheren Belastungen entsprechenden Linien würden die Nullinie wahrscheinlich auch nach wesentlich längerer Zeit nicht erreichen, als sie auf die einzelnen Versuchsreihen verwendet werden konnte. Die den minderen Belastungen entsprechenden Züge hingegen scheinen nach mehr oder weniger kurzer Zeit die Nullinie zu erreichen, was innerhalb der ersten 15 Minuten nach dem Einspielen der Last bis zur Belastung von 2 t, also bis zu 6,4 $\frac{kg}{qmm}$, der Fall zu sein scheint. Die bedeutenden Schwankungen, welche die Linien zeigen, rühren von dem Umstande her, daß es nicht möglich gewesen ist, die Versuche ohne eine störende Beeinflussung des Materiales auszuführen.

Während des Nachfließens sinkt nämlich naturgemäß der Waagehebel der Maschine auch dann, wenn die Kolbenmanschetten vollkommen dicht sind, und man muß demgemäß von Zeit zu Zeit das Ventil öffnen, um die Waage wieder zum Einspielen zu bringen. Hierbei kommt dann die Trägheit der in Bewegung zu setzenden Massen hinzu und verursacht eine Ueberlastung des Materials in der Weise, wie es vom Assistenten Kirsch in seiner Arbeit: Beitrag zum Studium des Fließens, insbesondere beim Eisen und Stahl Seite 69 dieses Jahrganges der „Mittheilungen" näher ausgeführt worden ist. Hierdurch wird nun bei dem in dieser Beziehung sehr empfindlichen Material jedesmal ein Anstoß zu schnellerem Fließen gegeben. Um also diesen Einfluß auf die Einzelwerthe der Beobachtung kenntlich zu machen, sind die betreffenden Punkte mit kleinen Kreisen umgeben, wenn vor der Ablesung eine Neueinstellung der Waage stattgefunden hatte. In Tabelle 8 sind die betreffenden Zahlen fett gedruckt.

Man ersieht aber aus Vorstehendem auch, wie wichtig es ist, für wissenschaftliche Untersuchungen die Forderung festzuhalten, welche von Pfaff*) dahin in Worte gekleidet worden ist, daß bei einer Festigkeitsprüfungsmaschine niemals der kraftmessende Theil die Rolle des Spannwerkes übernehmen darf, eine Forderung, die ganz streng allerdings wohl nicht erfüllt werden kann. Aber auch für praktische Zwecke wird es schließlich der Zielpunkt werden, dieser Forderung möglichst vollkommen zu genügen.

Die zuletzt besprochenen Gesetze würden sich viel reiner und schärfer ergeben haben, wenn bei den Versuchen diese Bedingung erfüllt gewesen wäre. Um aber zu zeigen, bis zu welchem Grade der Uebersichtlichkeit man die Versuchsergebnisse auf zeichnerischem Wege auch bei nicht ganz unbeeinflußten Versuchsergebnissen zu bringen vermag, wenn die Einzelreihen lang genug und planmäßig angeordnet sind, muß hier die Besprechung der Schaulinien über die Fließgeschwindigkeiten noch weiter geführt werden.

Das Gesetz der Abhängigkeit der Fließgeschwindigkeiten, beziehentlich ihrer Beschleu=

---

*) Pfaff: „Ueber Maschinen zur Untersuchung der Festigkeit der Materialien." Mittheilungen des Technolog. Gewerbemuseums, Wien 1885/86.

nigung von der Größe der Belastung und der Zeitdauer des Nachfließens kann offenbar in seinem ganzen Umfange durch eine Fläche mehrfacher Krümmung, durch eine „Schaufläche" dargestellt werden, welche man erhält, wenn man sich die Ausgleichslinien Fig. 6 in Verticalebenen gleichen Abstandes hinter einander so aufgetragen denkt, daß die den gleichen Zeitabschnitten entsprechenden Punkte der einzelnen Linien wiederum in Verticalebenen gleichen Abstandes fallen, die senkrecht zu den erstgenannten stehen. Die Verbindungslinien der Schnittpunkte dieser Ebenen mit den Ausgleichslinien würden Linienzüge liefern, wie sie in Fig. 7 über einander gezeichnet sind. Die Spur der durch die Ausgleichungslinien gelegten Fläche mit der wagerechten Nullebene würde angeben, bei welcher Belastung, beziehentlich nach welcher Zeit die Nachfließgeschwindigkeit gleich Null wird, das heißt, unter welchen Umständen die Nachfließbewegung zum Stillstand gebracht werden kann. Die Kenntniß des Verlaufs dieser Spur würde wissenschaftlich wie praktisch von hohem Werthe sein, weil man hiernach die Größe der zulässigen Zugbeanspruchung für das Magnesium bestimmen könnte. Es leuchtet ein, daß alle diejenigen Belastungen, für welche die betreffenden Beschleunigungslinien die Nullebene nicht mehr erreichen, schließlich zum Bruch des Versuchsstückes geführt haben würden, wenn man nur den Versuch lange genug fortgesetzt haben würde. Leider läßt sich aus den gegenwärtigen Untersuchungen darüber nichts aussagen, ob in allen diesen Fällen das Nachfließen schließlich mit gleichbleibender Geschwindigkeit (ohne Beschleunigung) stattfinden, oder ob vor dem Bruche noch eine Beschleunigung eintreten wird. Man kann deswegen über den späteren Verlauf der Beschleunigungsschaufläche keine weitere Aussage machen und muß es ferneren Versuchen überlassen, über die hier noch offen bleibenden Fragen Aufschluß zu geben.

Offenbar kann man nach ganz den gleichen Gesichtspunkten sich auch die Linienzüge der Gruppen O und R sowie P und Q Fig. 8 bis 10 zu Schauflächen zusammen gezogen denken, und man wird ohne Weiteres einsehen, daß man hier zwei Schauflächen erhalten würde, welche in ununterbrochener Folge alle Werthe der Nachfließformänderungen angeben, welche man durch Anwendung einer beliebigen Belastung in einer beliebigen Zeit erhalten haben würde. Diese beiden Schauflächen müssen offenbar die folgenden Eigenschaften haben. Die eine derselben, welche die Nachfließbewegungen während der Belastung veranschaulicht, wird, der gewählten Anordnung entsprechend, über der wagerechten Nullebene liegen, die andere, welche den Nachfließbewegungen (Verkürzungen) nach der Entlastung entspricht, wird unterhalb jener Nullebene zu denken sein. Beide Flächen müssen gemeinsame Spuren mit jener Nullebene haben, und zwar fallen dieselben mit den Nullinien für die Belastungs- und Zeitgrößen zusammen, denn bei der Belastung Null und bei der Zeit Null würde ein Nachfließen im einen oder andern Sinne nicht stattfinden können. Ueber den Verlauf der beiden Flächen nach den beiden Hauptrichtungen kann eine Vermuthung ebenso wie bei der Beschleunigungsschaufläche nicht ausgesprochen werden; hierfür würde die Durchführung weiterer Versuche nothwendig sein. Ueber die Gestalt der Schauflächen innerhalb des Rahmens des Versuches wird man sich aus den dargestellten Liniengruppen leicht Aufschluß verschaffen können, so daß eine weitere Besprechung entfallen darf.

Der Versuch 5 sollte auch über das Verhalten des Magnesiums bei mehrmaliger Beanspruchung auf Zug innerhalb derselben Grenzen Aufschluß geben; er ist deswegen noch viermal zwischen den Belastungen 0,25 und 5,5 t geprüft und erst bei der letzten Versuchsreihe zum Bruche gebracht worden. Zwischen den einzelnen Versuchsreihen sind jedesmal mehrere Tage verstrichen, während welcher der Stab in Ruhe blieb. Vor und nach jedem Versuch wurde seine Länge in der bereits besprochenen Weise festgestellt. Die Versuchsergebnisse sind in den Tabellen 8 und 9 niedergeschrieben und in Fig. 1 als Schau=

linie dargestellt. Die näheren Angaben über die Versuchsausführung sind in den Tabellen enthalten. Man erkennt, daß die Belastungslinien der Wiederbelastung steiler ausfallen und eine geringere Krümmung besitzen, als die der ersten Belastung entsprechenden Linien. Bei der wiederholten Belastung innerhalb derselben Grenzen zeigen die Linien nahezu parallelen Verlauf. Nach jedem Versuch ist eine bleibende Verlängerung des Stabes eingetreten. Die Einzelheiten und genaueren Vergleiche müssen aus den Tabellen 8 und 9 abgeleitet werden. In der zweiten Zahlengruppe von Tabelle 9 (Stab 5, Versuchsreihen 2 bis 5) sind die Ablesungen jedesmal auf die Anfangsdehnung bei 0,25 t Belastung als Nullpunkt bezogen und in der dritten Zahlengruppe sind dann die Abweichungen dieser Ablesungen von der Versuchsreihe 2 angegeben. Man ersieht aus diesen Zahlen, daß die Werthe der beiden Versuchsreihen 3 und 4 nur sehr wenig von Reihe 2 abweichen; die Abweichungen sind anfangs negativ und erreichen hier für Gruppe 3 eine mittlere Abweichung von schätzungsweise etwa — 0,0005 mm, um bei etwa 4 t gleich 0 zu werden und von hier aus bis zur Belastung 5,5 t auf etwa + 0,0050 mm anzuwachsen. Einen ähnlichen Verlauf zeigen die Abweichungen für Versuchsreihe 4, welche anfangs einen mittleren Werth von etwa — 0,0002 mm haben, bei etwa 3 t gleich 0 werden und von hier aus bis zu 5,5 t auf etwa 0,0070 mm anwachsen. Reihe 5 hingegen zeigt ein gleichförmiges, etwas beträchtlicheres Wachsen der Unterschiede in negativem Sinne, welche bei 5,5 t den Werth von etwa 0,0150 mm erreichen. Dieses Verhalten der einzelnen Reihen ergiebt, daß die Belastungsschaulinien für 3 und 4 nahezu gleichlaufend mit derjenigen für Reihe 2 sind, daß nur die oberen Enden etwas stärkere Krümmung zeigen, während die Linie 5 im ganzen einen steileren Verlauf hat, als Linie 2. Aus den beiden letzten Spalten von Tabelle 9 erkennt man, daß die während der einzelnen Wiederholungen der gleichen Belastungsfolge erzielten bleibenden Verlängerungen bei den Reihen 2 bis 4 von 0,0395 auf 0,0309 mm, also um 22 % abnimmt. Die bleibende Verlängerung von Reihe 5 kann mit den früheren nicht verglichen werden, weil hier die Belastung bis auf 6,25 t gesteigert worden ist. Die zwischen den einzelnen Versuchen während der mehrtägigen Ruhepause jedesmal eingetretenen Verkürzungen sind in der letzten Spalte von Tabelle 9 gegeben. Dieselben haben, wie es scheint, keinen ganz gesetzmäßigen Verlauf, jedoch kann man aus nur drei von einander beträchtlich abweichenden Werthen keine sicheren Schlüsse ziehen; der letzte Werth muß außer Betracht bleiben, weil die Belastung eine höhere und der Nachwirkungsbetrag nothwendig beeinflußt gewesen ist.

Es erübrigt nun noch, die Versuchsendergebnisse einer Besprechung zu unterziehen. Zu dem Zwecke ist in Tabelle 10 eine Gegenüberstellung der maßgebenden Werthe aufgemacht.

Tabelle 10.
Zusammenstellung der Endergebnisse aus den Zugversuchen mit Magnesium.
Versuche mit Normalrundstäben von 20 mm Durchmesser.

Stab Nr.	Streckgrenze Spannung kg/qmm	Streckgrenze Dehnung %	Bruchgrenze Spannung kg/qmm	Bruchgrenze Dehnung % bezogen auf l = 20 mm	Bruchgrenze Querschnittsverminderung %	Zeitdauer des ganzen Versuches min	Angenäherte Geschwindigkeit des Kolbens beim Strecken mm/min	Bemerkungen
1	18,7	0,81	22,6	8,6	10,7	120		
2	19,5	0,92	23,7	14,6	18,2	170	1	
3	20,3	0,80	23,9	9,1	10,7	14		
4	18,9	0,83	22,5	12,7	14,7	210	0,25	Wiederholt geprüft.
5	18,7	0,86	23,2	10,6	16,6	—	0,7*)	*) Beim Zerreißen.
Mittelwerthe	19,2	0,84	23,2	11,1	14,2	—	—	

Aus den Schaulinien in Fig. 5 läßt sich für die einzelnen Stäbe die für die Formänderung bis zum Zerreißen erforderliche mechanische Arbeit durch den Flächeninhalt der jeweiligen Schaubilder und der Völligkeitsgrad der letzteren aus dem Verhältniß des jeweiligen Flächeninhaltes zu dem das Schaubild umschließenden Rechteck ableiten. Hieraus und aus dem Körperinhalt des bei den Versuchen ausgemessenen Theiles des Probekörpers (Meßlänge = 150 mm) gewinnt man die specifische, d. h. die von der Einheit des Körperinhaltes geleistete Arbeit. Letztere dividirt durch das Einheitsgewicht, ergiebt die specifische Arbeit, bezogen auf die Gewichtseinheit des Körpers. Alle diese Werthe sind aus den Schaulinien bestimmt und haben die in Tabelle 11 zusammengestellten Ergebnisse geliefert.

Tabelle 11.

Zusammenstellung der Werthe für die Formänderungsarbeiten des Magnesiums bei Zugversuchen.

Stab Nr.	Gesammtarbeit bis zum Bruch mkg	Völligkeitsgrad	Spezifische Arbeit in		Bruchspannung (Tabelle 10) kg/qmm	Reißlänge $R = \frac{p}{s}$ (s = 1,75) km	Kolbengeschwindigkeit während des Streckens mm/min	Gesammtdauer des Versuches min
			$\frac{mkg}{ccm}$	$\frac{mkg}{gr}$				
3	96,1	0,93	2,04	1,16	23,9	13,7	—	14
1	87,9	0,96	1,87	1,07	22,6	12,9	—	120
2	162,0	0,98	3,45	1,97	23,7	13,5	1	170
5	109,2	0,93	2,32	1,32	23,2	13,3	0,7	—
4	125,3	0,95	2,67	1,52	22,5	12,5	0,25	210
Mittel	—	0,95	2,49	1,41	23,2	13,3		

Aus den Tabellen 10 und 11 scheint hervorzugehen, daß die Festigkeitseigenschaften des Magnesiums durch die Geschwindigkeit, mit welcher das Strecken erfolgt, immerhin in einem so hohen Grade beeinflußt wird, daß die Unterschiede in den Endergebnissen sehr wohl bemerkbar werden. Allerdings ist es nicht wohl möglich, aus den vorliegenden Versuchen ein entgültiges Urtheil über die Größe dieses Einflusses zu gewinnen. Zu diesem Zwecke müßten die Versuche zahlreicher und zweckentsprechend angeordnet, womöglich unter Benutzung der Selbstaufzeichnung der Schaulinien durch die Maschine ausgeführt sein, wozu sich später vielleicht noch Zeit finden dürfte. Die Gelegenheit sei übrigens hier benutzt, um nachdrücklich darauf hinzuweisen, daß es bei allen weichen zinnähnlichen Materialien, wie Kupfer, Zink, Magnesium u. a. m., durchaus nothwendig erscheint, daß man bei den Festigkeitsversuchen die Geschwindigkeit, mit welcher das Strecken erfolgt, in Rücksicht zieht, beziehentlich für die Versuchsausführung ganz bestimmte, am besten einheitliche Vorschriften aufstellt, wenn man vergleichbare und eindeutige Ergebnisse erzielen will. Um die Wichtigkeit dieser Forderung klarzustellen, denke man sich, daß vor Gericht die Streitfrage zu entscheiden sei, ob in einem gegebenen Falle bei einer bedeutenden Lieferung die ausbedungene Festigkeit erreicht ist oder nicht. War das fragliche Material beispielsweise Zinkblech (obwohl praktisch für dasselbe selten Festigkeitsvorschriften gemacht werden), so kann die eine der streitenden Parteien den Versuch außergewöhnlich langsam, die andere ihn sehr rasch ausgeführt haben; die erste Partei wird behaupten, die Festigkeit sei erheblich unter der vorgeschriebenen Zahl geblieben, die andere hingegen behauptet mit dem gleichen

Recht das Gegentheil, wenn nicht besondere Vorschriften über die Art der Versuchsausführung vereinbart waren. Man kann bei Zink sehr wohl Bruchfestigkeiten erzielen, die um mehr als ein Drittel sich unterscheiden. Da auch andere Punkte der Versuchsausführung, welche für das praktische Leben von einschneidender Wichtigkeit werden können, noch der vermehrten Beachtung bedürfen, so soll in einem späteren Aufsatze auf diese Fragen eingehender zurückgekommen werden.

Für die Praxis dürfte wohl noch die Beantwortung der Frage von Nutzen sein, wie hoch man die zulässige Beanspruchung des Magnesiums für Constructionszwecke veranschlagen darf? Bei der immer noch geringen Kenntniß über das Allgemeinverhalten des Magnesiums wird man zunächst vorsichtig zu Werke gehen müssen und die zulässige Beanspruchung lieber etwas geringer annehmen, als nach dem Ausfall der gegenwärtigen Versuche zulässig sein würde. Ein Fortschritt in der Herstellung und weiteren Verarbeitung des Magnesiums wird ja sicher nicht ausbleiben, und man wird dann die jetzt gewonnenen Zahlen voraussichtlich etwas erhöhen dürfen. Mit Rücksicht auf das Voraufgehende dürfte es sich empfehlen, vorläufig

die zulässige Beanspruchung für Zug auf etwa 4 $\frac{kg}{qmm}$

diejenige auf Biegung auf etwa . . . . . 3 $\frac{kg}{qmm}$

und auf Druck auf etwa . . . . 6 $\frac{kg}{qmm}$

anzunehmen.

D. Die sonstigen Eigenschaften und die Verarbeitung von Magnesium.

Es dürfte manchem Leser erwünscht sein, über die sonstigen Eigenschaften des Magnesiums noch einige Angaben zu erhalten. Deswegen sollen hier noch diejenigen Bemerkungen Platz finden, welche die Antragstellerin hierüber mitgetheilt hat.

Das Magnesium wird aus Staßfurter Carnallit nach dem Patent Grätzel auf elektrolytischem Wege gewonnen. Das umgeschmolzene Metall ist meistens sehr poröse und muß deswegen im erwärmten Zustande bei etwa 400° durch Aushämmern gedichtet werden. Bei der ferneren Bearbeitung ist Wärme immer erforderlich, obwohl das Magnesium auch im kalten Zustande etwas hämmerbar ist. Es gleicht in dieser Beziehung sehr dem Zink. In größeren Stücken kann es hohe Erhitzungen ertragen, ohne zu verbrennen; es schmilzt ohne Anwendung von Flußmitteln erst bei etwa 800° C. Der Verbrennungspunkt liegt nur um wenige Grade höher. Beim Gießen ergibt sich immer ein ziemlich großer Verlust durch Oxydation; man erhält selten gute Güsse, weil Magnesium die Form weniger gut ausfüllt als beispielsweise Aluminium; der Guß ist fast immer blasig und löcherig. Das Magnesium läßt sich sehr gut schweißen[*], nur darf man es nicht im directen Feuer erwärmen. Für das Schweißen und Ausglühen bei den Walzen muß es im Muffelofen erhitzt werden, um die Wärme bequem regeln und das Metall vor Oxydation schützen zu können. Aus gut vorgeschmiedeten Blöcken kann man dichte Walzstücke von beliebiger Querschnittsform bis zu ganz dünnen Blechen erzeugen. Zum Beweise dessen wurden für

---

[*] In der Versuchsanstalt konnte die Schweißfähigkeit wegen eines mangelnden Muffelofens bisher leider noch nicht festgestellt werden.

die Sammlung der Versuchsanstalt zur Verfügung gestellt: Grubenschienen, Winkel-, Quadrat-, Rund- und Flachstangen, sowie Bleche von verschiedener Stärke bis ¼ mm Dicke, in Hörde aus Magnesium gewalzt. Jedesmaliges Wiederausglühen beim Walzen ist Bedingung, auch muß das Walzen allmählich geschehen. Beim Hämmern zum Zwecke der weiteren Bearbeitung ist es vortheilhaft, das Stück zuvor zu erwärmen, weil sich das Material dann nicht so leicht spaltet als beim kalten Hämmern. Beim Treiben ist ebenfalls Wärme nothwendig. Die Form, welche man zu erzielen beabsichtigt, muß allmählich erzeugt werden. Die Anwendung von Bleiunterlagen ist vortheilhaft. Beim Drücken auf der Drehbank und beim Pressen wendet man vortheilhaft Zwischenformen an und sucht so die Endform nach und nach zu erreichen. Auf der Drehbank muß man für beständige Erwärmung Sorge tragen und ebenso sind Stempel und Matrizen beim Pressen thunlichst zu erwärmen; das zu pressende Stück muß immer wieder ausgeglüht werden. Das Löthen des Magnesiums, sowie die galvanische Ueberziehung mit anderen Metallen bereitet zur Zeit noch große Schwierigkeiten. Mit Feile und Stichel läßt sich das Magnesium sehr leicht und gut bearbeiten. Am vortheilhaftesten wird das Magnesium im völlig reinen Zustande verarbeitet, weil durch die Reinheit die Haltbarkeit bedingt ist, da das reine Metall dem Oxydiren nur wenig unterworfen ist und leicht blank erhalten werden kann. Mit den Legierungen des Magnesiums hat man im Allgemeinen schlechte Erfahrungen gemacht, weil dieselben sehr wenig luftbeständig und meistens spröde sind. Das specifische Gewicht der untersuchten Probestücke berechnet sich aus den Abmessungen und dem Gewicht der Stücke durchschnittlich auf etwa 1,75.

Bedenkt man, daß die technischen Erfahrungen in der Verarbeitung des Magnesiums noch verhältnißmäßig jung sind und daß man namentlich in der Herstellung dichter Blöcke wohl noch erhebliche Fortschritte wird erzielen können, so ist mit Rücksicht auf die recht hohe Festigkeit und das leichte Gewicht wohl zu erwarten, daß die Verwendbarkeit des Metalles eine vielseitige werden kann. Es scheint, daß auch die Preisfrage im günstigen Sinne geregelt werden kann, so daß es wohl der Mühe werth sein dürfte, den Versuch zu machen, ob man nicht in Fällen, wo geringe Massen oder geringe Gewichte erwünscht sind, das Magnesium vortheilhaft verwenden kann. Im Maschinenbau dürfte es vielleicht bei schnellgehenden Maschinen zu benutzen sein. Die Luftschiffahrt würde es voraussichtlich mit Erfolg als Constructionsmaterial verwenden können; die Feinmechanik macht bereits ausgedehnten Gebrauch davon für Meßinstrumente, Waagen u. s. w. Die Verwendung in der Feuerwerkerei als Draht und Pulver für Beleuchtungszwecke, zur Erzeugung von Moment-Photographien u. s. w., ist bereits bekannt.

Verantwortlicher Redacteur: Dr. **Hermann Wedding**. — Verlag von **Julius Springer** in Berlin.

Additional material from
Die Festigkeitseigenschaften des Magnesiums, ISBN 978-3-662-40807-0,
is available at http://extras.springer.com

If you have any concerns about our products,
you can contact us on
ProductSafety@springernature.com

In case Publisher is established outside the EU,
the EU authorized representative is:
**Springer Nature Customer Service Center GmbH
Europaplatz 3, 69115 Heidelberg, Germany**

Printed by Libri Plureos GmbH
in Hamburg, Germany